PREVENCIÓN DE RIESGOS LABORALES

2º CICLO FORMATIVO POR OFICIO

Este manual se ha redactado siguiendo los contenidos de los "Recursos didácticos para de 2º ciclo formativo por oficio en materia de prevención de riesgos laborales" de Tornapunta Ediciones

Las imágenes que figuran en el presente manual han sido cedidas por GESPRE, S.L., salvo aquellas en las que se indica una fuente diferente.

5ª edición: abril 2023

Edita:
Tornapunta Ediciones
C/ Rivas, 25
28052 Madrid ESPAÑA
Tel.: 900 11 21 21 www.fundacionlaboral.org

ISBN: 978-84-18632-12-9
Depósito Legal: M-10381-2023

Tú también eres profesional...

Ser profesional comienza por el respeto a sí mismo/a y a los demás. Con formación, demostramos nuestra profesionalidad y ayudamos a construir un sector valorado y orgulloso de lo que hace.

Juntos contribuimos a mejorar nuestro sector

Y ahora, antes de empezar el estudio de la parte común del programa formativo en materia de prevención de riesgos laborales, te proponemos la lectura de estas primeras páginas.

El objetivo de las mismas es dedicar unos minutos a la reflexión sobre la importancia de implicarnos, de manera activa, en la detección de los riesgos laborales y en la mejora de las condiciones de seguridad y salud en nuestro lugar de trabajo.

Ser profesional es...

LA IMPORTANCIA DE UNA ACTIVIDAD PREVENTIVA INTEGRADA

Habrás oído hablar muchas veces que la prevención debe estar integrada en el trabajo. ¿Pero eso qué quiere decir? Quiere decir, de entrada, que integrar algo es hacerlo pasar a un sitio, es conducirlo a una situación, es meter algo dentro de otro conjunto de cosas.

Tú te integras con tus compañeros/as de tajo porque entre todos formáis una cuadrilla o una colla, o como lo llamen en tu tierra. Si no te integras, quiere decir que estás fuera del grupo, que no cuentan contigo. Pues ocurre lo mismo con la práctica de la prevención de riesgos laborales: la prevención debe estar integrada en tu trabajo diario, debe estar dentro de ti, debe ser un motivo de preocupación permanente mientras estás en el tajo.

EJERCICIO

Una reflexión sobre la prevención de riesgos laborales que aplicas en tu trabajo

Cuando oyes hablar de que una cosa es importante ¿qué piensas, A o B?:

A) Que es algo que merece la pena tener en cuenta.

B) Que te da lo mismo. Para otros quizá sea de interés, pero para ti no.

Ahora te proponemos un pequeño juego para ayudarte a conocer lo que a ti te importa en el trabajo.

Para hacerlo, contesta con una cruz (X) debajo del **SÍ** o del **NO**, según corresponda, para señalar qué cosas son importantes para ti a la hora de empezar en el tajo cada mañana:

COSAS IMPORTANTES	SÍ	NO
Las herramientas.	☐	☐
Avisar al mando o responsable directo de algún peligro existente en el tajo.	☐	☐
Usar el casco.	☐	☐
Usar el arnés (si vas a trabajar en altura).	☐	☐
Disponer del buzo o mono de trabajo.	☐	☐
Usar los guantes.	☐	☐
Comprobar el estado de las redes de seguridad y de las barandillas.	☐	☐
Comprobar que estás fuera del área de actuación de la grúa torre o de otra máquina.	☐	☐
Mirar a los/las compañeros/as para ver si usan las protecciones individuales necesarias.	☐	☐
Usar las botas de seguridad.	☐	☐
Usar protectores auditivos (si manejas máquinas ruidosas o las mismas están cerca de tu lugar de trabajo).	☐	☐
Comprobar las características de los materiales que vas a usar (mortero, ladrillos, bordillos, baldosas, ferralla, bovedillas...).	☐	☐

Si no estás preocupado/a por trabajar con prevención, es que no la tienes integrada en tu conciencia. Se podría decir que no sois buenos amigos, simplemente que os conocéis porque te la han presentado en los cursos y en las charlas sobre prevención. Esta situación no te conviene a ti, ni a tus compañeros/as, ni a tus jefes/as. ¿Por qué? Porque en esa situación tú no estás haciendo esfuerzos para que desaparezcan los accidentes del tajo en donde trabajas, y eso importa mucho a todos los que te rodean.

La prevención de riesgos laborales ha de ser tu gran amiga y la debes tener a tu lado en el tajo de manera permanente

Ahora, cuenta:

Las respuestas **SÍ** que has dado y escríbelo aquí: ☐

Las respuestas **NO** que has dado y escríbelo aquí: ☐

Y ahora vas a comprobar el nivel de preocupación que tienes por tu oficio y por la prevención de riesgos laborales integrada en el mismo:

De 2 a 4 **SÍ: Bajo**

De 5 a 8 **SÍ: Normal**

De 9 a 12 **SÍ: Alto**

Como conclusión:

¿Cuál es tu nivel de preocupación por la prevención? ¿El resultado que has obtenido ha sido bajo, normal o alto? Enhorabuena si estás en el nivel alto. Pero en cualquier caso, debes tener en cuenta que las medidas y los elementos de protección no son algo que están fuera de tu oficio, sino que forman parte de manera natural de tu especialidad.

Las medidas de prevención de riesgos laborales, los medios de protección colectiva y los equipos de protección individual son elementos que deben estar integrados en las tareas de tu oficio. Respetar las distancias de seguridad, mantener las barandillas y redes de seguridad y usar un casco, unos guantes o unas botas no son un pegote para la persona especialista, sino que forman parte de la actividad diaria de quienes realizan un buen trabajo.

Ser profesional es...

DEPORTE Y PREVENCIÓN

Es muy probable que te guste el deporte, y como ejemplo, si nos referimos al fútbol, seguro que disfrutas viendo jugar a las estrellas del fútbol femenino y masculino. Pues los/las jugadores/as cuando saltan al campo hacen cosas que se parecen a lo que hacemos en la construcción cada mañana, porque nuestro partido son nuestros tajos.

Únicamente tienen un material (el balón) y ni siquiera usan herramientas. Si tu especialidad es colocar ladrillos caravista, por ejemplo, la de ellos y ellas es, en general, despejar (portero/a y defensas), jugar el balón (centro-campistas) y rematar a gol (delanteros/as).

El uniforme de trabajo y las protecciones individuales

¿Has visto alguna vez salir a un campo de fútbol a los/las jugadores/as en pantalón vaquero y con camisetas de flores? Con seguridad que tu respuesta es NO. Y es que salir al terreno de juego con las camisetas y pantalones, todos iguales, con los colores de su equipo forma parte de su oficio. Si no es así, ni ellos juegan el/la árbitro/a no dejará que jueguen. Y todo esto se produce, antes de que empiece el balón a rodar.

¿Has pensado alguna vez en que también llevan siempre puestos sus equipos de protección individual? Es bien sabido que es obligatorio que usen espinilleras porque es en las piernas donde principalmente se dan

EJERCICIO

La cooperación de los/las trabajadores/as. Actuaciones preventivas básicas

El trabajo se hace en equipo. La prevención también. Mira, por favor, estas imágenes.

los riesgos de accidentes, casi siempre por patadas de los/las contrarios/as –queriendo o sin querer, pero patadas que duelen al fin y al cabo–.

Los porteras y las porteras, además, llevan sus manos protegidas por guantes y las muñecas vendadas porque también están expuestas a otros riesgos. Hay quien utiliza incluso un casco protector. Las caderas se protegen con la guata o almohadilla que llevan incorporada en el pantalón. Y cuando los campos de juego son duros o de tierra, llevan rodilleras y coderas.

¿Y tú vas a ir a trabajar con menos protección que tus ídolos del deporte? Tu respuesta debe ser que NO. Lo debes tener claro, al igual que ellos/as: si no te proteges, no puedes jugar. Si no te proteges, no puedes entrar en el tajo.

Si quieres ser un/a especialista de primera división en el tajo, usa el uniforme de trabajo al completo, con todos los elementos de protección necesarios.

¿Se desplomará la torre humana si los/las castellers de abajo no apoyan a los de arriba?, ¿podrá ganar aquel equipo en el que sus integrantes no tiren de la cuerda todos y todas a una? o ¿realizarán un esfuerzo mayor aquellos y aquellas piragüistas que no remen a la par?

Respuestas:

- La torre humana no se mantendrá en pie o no se terminará.
- El equipo que no tire de la cuerda a la vez no ganará.
- Unos/unas piragüistas se fatigarán antes y no se podrá mantener el ritmo.

Como conclusión:

Del mismo modo, en la obra, si sus profesionales no trabajan en equipo se incumplirá la planificación, no se alcanzarán los objetivos fijados, se desaprovecharán recursos, se realizarán esfuerzos innecesarios y, muy probablemente, las condiciones de trabajo empeorarán con la aparición de nuevos riesgos o el agravamiento de los existentes.

Ser profesional es...

EJERCICIO

Tenemos que jugar a la prevención

En la obra trabaja mucha gente pero cada uno/una tiene una obligación que cumplir. Aquí te planteamos el juego llamado "cada oveja con su pareja".

Se trata de que con un lápiz o con un bolígrafo vayas uniendo cada puesto que aparece con las obligaciones que tiene con la prevención. Pueden tener varias obligaciones asociadas a cada puesto. Se te da resuelto un ejemplo para que veas cómo se hace:

EQUIPO DE LA OBRA	OBLIGACIONES CON LA PREVENCIÓN DE RIESGOS LABORALES
Oficial	Poner dinero para comprar redes de seguridad y barandillas.
Encargado/a	Redactar el plan de seguridad y salud en el trabajo de la obra.
Peón/a	Ordenar que se instalen las barandillas y las redes de seguridad.
Jefe/a de obra	Descubrir nuevos riesgos o peligros según avanza la obra.
Empresario/a	Usar el casco, los guantes, las botas y el arnés.
Técnico/a de prevención	No dejar que ningún operario/a esté en el tajo sin los elementos de protección.
	Organizar reuniones y comités de prevención.

ACTUACIONES PREVENTIVAS BÁSICAS

Y ahora, que posiblemente ya estamos de acuerdo en que la prevención de riesgos laborales es cosa de todos y todas, necesitamos dar unos pasos más para que –en equipo– seamos capaces de eliminar los accidentes de trabajo.

No basta con que un/a futbolista que ocupa el puesto de delantero/a sepa cómo se mete un gol: es necesario que lo marque de verdad. Si no mete goles, probablemente su equipo no ganará el partido.

Contesta:

1º ¿Qué pasa en una obra cuando **alguien del equipo** no juega a la prevención?

2º ¿Qué obligaciones sobre prevención de riesgos laborales se quedan sin cumplir si el/la **encargado/a** no lleva a cabo las suyas?

3º ¿Qué obligaciones sobre prevención de riesgos laborales se quedan sin cumplir si los/las **oficiales/las** no llevan a cabo las suyas?

4º ¿Qué obligaciones sobre prevención de riesgos laborales se quedan sin cumplir si los/las **peones/as** no llevan a cabo las suyas?

5º ¿Qué obligaciones sobre prevención de riesgos laborales se quedan sin cumplir si el/la **jefe/a de obra** no lleva a cabo las suyas?

LOS ACCIDENTES SE EVITAN EN CADENA. SI UN ESLABÓN SE ROMPE, LA CADENA TAMBIÉN

En la obra, tú tienes que jugar en tu puesto de trabajo cumpliendo con las obligaciones de prevención de riesgos laborales que te corresponden. Pero también debes trabajar para que las personas que se encuentren contigo cumplan con las normas preventivas.

Como conclusión:

¿Tienes ahora claro que en una obra no puede haber ningún puesto, de mayor o menor categoría, que haga como el/la casteller que no apoya, como el/la tirador/a de soga que no tira con el mismo esfuerzo o como el/la piragüista que no rema al compás de sus compañeros/as?

Pues eso mismo es lo que hemos de hacer el personal de la obra: meter goles a los accidentes para ganarles, para derrotarles. No basta con haber asistido a un curso. Si no trabajamos, si no actuamos en equipo, los accidentes nos pueden ganar la partida.

Tenemos que movernos, tenemos que pasar a la acción para aplicar las medidas de prevención de riesgos laborales. No basta con que sepamos lo que tenemos que hacer. ¡Es necesario actuar!

Ser profesional es...

LO QUE TIENES QUE HACER CADA DÍA: LAS CUATRO RUTINAS DE LA PREVENCIÓN DE RIESGOS LABORALES.

La palabra rutina significa hacer algo automáticamente, ya sea en la vida personal o en el trabajo. Hacer las cosas por rutina no supone ningún esfuerzo mental ni físico porque se hacen sin pensar. Así, por las mañanas al levantarnos, por rutina o por costumbre nos aseamos, desayunamos y nos montamos en un transporte público, o en nuestro coche, para ir a la obra.

✓ RUTINAS

¿Qué tengo que hacer?

Antes de empezar el trabajo, **poner en práctica las cuatro rutinas de la prevención:**

1º. Cumplir con la rutina de **protegerte**.

2º. Cumplir con la rutina de **comprobar que tus compañeros y compañeras se han protegido**.

3º. Cumplir con la rutina de mirar, de **observar**, de pensar sobre los riesgos o **peligros** que ese día están alrededor e incluso en el propio tajo.

4º. Cumplir con la rutina de **comunicar al Capataz/a o al Encargado/a** los riesgos que observes y pedirles que los eviten.

✓ RUTINA Nº 1: PROTEGERTE

1º. Tienes que pensar que ese día (cada día) tienes que ser:

Una persona segura, rodeada de personas seguras.

2º. Debes usar todos los elementos de protección que necesites en el tajo.

✓ RUTINA Nº 2: COMPROBAR QUE TUS COMPAÑEROS/AS SE HAN PROTEGIDO

Esta rutina consiste en mirar cada día a quienes te rodean para ver si se han provisto de los elementos de protección. Si no lo han hecho, convénceles con buenos modales de que han de usar los elementos que sean necesarios para trabajar en ese tajo a cuyo equipo pertenecéis.

Ya sabes las **razones** que tienes que dar:

- Si se accidentan, se llevarán la peor parte, y su familia también sufrirá.
- Y de paso, los/las compañeros/as se llevarán un buen susto.

Por estas importantísimas razones, convénceles de que tienen que **utilizar los elementos de protección**.

Si vas en tu coche, ya has tomado la costumbre o la rutina de abrocharte el cinturón antes de arrancar el vehículo. Y luego conduces girando el volante a derecha o izquierda para ajustarte a la calzada y al tráfico, casi sin darte cuenta que lo haces. Y así actúas hasta que llegas a la obra.

La idea de hacer las cosas por costumbre o por rutina también debemos aplicarla a la hora de integrar la prevención de riesgos laborales en nuestro comportamiento en el trabajo.

✓ RUTINA Nº 3: OBSERVAR LOS RIESGOS O PELIGROS DEL TAJO

Es necesario que, antes de empezar el trabajo, dediques unos minutos a comprobar los riesgos presentes alrededor del tajo, o incluso dentro de él, y pensar en la manera de evitarlos o controlarlos.

Mirar alrededor del tajo para ver los riesgos o peligros que te rodean te llevará unos minutos, pero el premio puede ser enorme:

UN DÍA MÁS SIN ACCIDENTES, GRACIAS A TI.

✓ RUTINA Nº 4: COMUNICAR A LOS/LAS RESPONSABLES DE LA OBRA LOS RIESGOS QUE OBSERVES Y PEDIRLES QUE LOS EVITEN

Combatir los riesgos del tajo es tarea de todos. Es tarea del equipo. Y tú formas parte de él. Por eso, no sería suficiente que tú supieras dónde está el peligro si no dieras un paso más: intentar eliminarlo o, al menos, señalarlo.

Además del derecho que tienes de informar sobre los riegos que encuentres, también es una obligación que debes cumplir.

¿Cómo te sentirías si tu compañero/a sufriera un accidente grave por no haber comunicado tú a las personas responsables la existencia de la causa que lo provocó y que ya conocías? Sin duda, te sentirías muy mal porque pensarías que tal vez el accidente se podría haber evitado.

Informa a tu jefe o jefa del riesgo o del peligro que has encontrado en tu tajo o en sus alrededores. Es un derecho que tienes, pero también es mucho más: una obligación.

Si cumples con estas cuatro rutinas, tus compañeros/as y tú trabajaréis con prevención. Seréis un equipo seguro y eso solo os traerá beneficios para vuestra integridad física y para vuestra salud.

¿Qué te ofrece el 2º ciclo formativo por oficio en materia de prevención de riesgos laborales?

Te ofrece la formación que en esta materia establece el Convenio General del Sector de la Construcción.

Una formación imprescindible para que conozcas los aspectos más importantes que debes tener en cuenta a la hora de desarrollar tu actividad laboral diaria en las debidas condiciones de seguridad y salud.

PREVENCIÓN DE RIESGOS LABORALES

2º CICLO FORMATIVO POR OFICIO

Parte común

5ª edición

Introducción

La Ley 32/2006, reguladora de la subcontratación en el Sector de la Construcción, tiene por objeto mejorar las condiciones de trabajo del sector, en general, y las condiciones de seguridad y salud de las personas trabajadoras del mismo, en particular.

El Real Decreto 1109/2007, por el que se desarrolla dicha ley, en su artículo 12, *Formación de recursos humanos de las empresas*, dice:

"1. De conformidad con lo previsto en el artículo 10 de la Ley 32/2006, de 18 de octubre, las empresas deberán velar por que todos los trabajadores que presten servicios en las obras tengan la formación necesaria y adecuada a su puesto de trabajo en materia de prevención de riesgos laborales, de forma que conozcan los riesgos y las medidas para prevenirlos".

En este sentido, el vigente Convenio General del Sector de la Construcción establece el **segundo ciclo de formación en materia de prevención de riesgos laborales en función del puesto de trabajo o por oficio.**

En el programa formativo de segundo ciclo por oficio existe una **parte común** (con una duración de 14 horas lectivas) que se desarrolla en el presente manual.

Objetivos generales

Objetivo general:

- Adquirir conocimientos en materia de prevención de riesgos laborales conforme a lo establecido en la parte común del programa formativo de segundo ciclo.

Objetivos específicos:

- Identificar los riesgos laborales de carácter común que se generan en las actividades de la construcción.
- Conocer las medidas preventivas generales para la eliminación o la reducción y el control de dichos riesgos.
- Conocer las condiciones de utilización que deben satisfacer los equipos de trabajo empleados con mayor frecuencia en las obras de construcción.
- Comprender la importancia de planificar la ejecución de las actividades y los trabajos desde el punto de vista de la seguridad y salud laboral.
- Tomar conciencia de los diferentes riesgos que puede entrañar la manipulación de los productos químicos.
- Cooperar con los/las trabajadores/as de otras empresas o gremios en el mantenimiento de unas condiciones de trabajo seguras en la obra.
- Conocer la configuración del marco normativo básico en materia de prevención de riesgos laborales.
- Conocer los derechos y obligaciones que tienen las personas trabajadoras en el ámbito de la seguridad y salud laboral.

Índice

UD1 Técnicas preventivas

Contenido

1. CONCEPTOS BÁSICOS SOBRE SEGURIDAD Y SALUD

La Organización Mundial de la Salud (OMS) define el término "salud" como "el estado de completo bienestar físico, mental y social, y no solo la ausencia de afecciones o enfermedades". Es decir, para que un individuo tenga salud es necesario que, además de no padecer ninguna lesión ni enfermedad, exista un equilibrio entre su estado físico, psíquico y social.

Es evidente que el trabajo, en principio, influye de manera positiva en la salud de aquellos que, por medio de su actividad profesional, consiguen satisfacer sus necesidades y alcanzan dicho estado de bienestar.

No obstante, la siniestralidad laboral evidencia que el trabajo afecta también negativamente a la salud de las personas trabajadoras. Si las condiciones en las que se lleva a cabo el trabajo no son las adecuadas, existe riesgo de sufrir algún tipo de daño.

Se entiende por **condición de trabajo** cualquier característica del mismo que pueda tener una influencia significativa en la generación de riesgos para la seguridad y la salud de la persona trabajadora. En función de su naturaleza, las condiciones de trabajo se pueden clasificar en:

- **Materiales**: equipos y útiles de trabajo, medios auxiliares, características de los lugares de trabajo (espacio, acabados, etc.) o instalaciones de suministro de energía empleados en la actividad laboral.
- **Físicas**: ruido, vibraciones, radiaciones, iluminación y condiciones termohigrométricas a las que el personal está expuesto en la ejecución de su trabajo.
- **Químicas**: elementos o compuestos químicos presentes en el lugar de trabajo y con los que el/la trabajador/a puede tener contacto.
- **Biológicas**: bacterias, hongos, virus, etc. a los que el/la trabajador/a puede estar expuesto/a.
- **Exigencias físicas** (esfuerzos, posturas, movimientos, manipulación manual de cargas...) a las que se encuentra sometido con ocasión de su trabajo.
- **Exigencias mentales**: nivel de atención, ritmo, cantidad de información y complejidad de la tarea.
- **Organización del trabajo y relaciones interpersonales**: consideración del puesto en la empresa, posibilidades de promoción, autonomía sobre la realización de su propio trabajo, horario, participación en la toma de decisiones, relaciones existentes con sus compañeros y compañeras, etc.

Cuando se produce un desequilibrio en algunas de las condiciones de trabajo y este no se controla lo suficiente (factores de riesgo) existe la posibilidad (riesgo laboral) de que tal circunstancia afecte negativamente a la salud de la persona trabajadora (daño derivado del trabajo).

Ejemplo

FACTOR DE RIESGO	RIESGO LABORAL	DAÑO DERIVADO
Utilizar herramientas eléctricas con cables deteriorados.	Contacto eléctrico.	Electrocución.
No emplear equipos de protección facial u ocular frente a las radiaciones emitidas durante la realización de trabajos de soldadura eléctrica al arco, y no aislar el puesto de trabajo de la persona que realiza soldaduras mediante mamparas opacas de separación.	Exposición a la radiación.	Irritación de los ojos.
Realizar operaciones de atado de las armaduras a nivel de suelo de forma manual.	Sobreesfuerzo físico sobre el sistema músculo-esquelético.	Lesiones, principalmente, en la espalda, el cuello y las extremidades superiores.

Así, la realización de un trabajo en unas condiciones materiales, físicas, químicas o biológicas inadecuadas podría perjudicar la salud física de dicho trabajador/a; mientras que su salud psíquica se vería afectada si las exigencias mentales de dicho trabajo superaran sus capacidades o si este se realizara en unas condiciones organizativas que no satisficieran sus expectativas.

Recuerda

Para que una persona disponga de salud es necesario que exista un equilibrio entre su estado físico, psíquico y social.

Teniendo en cuenta lo expuesto hasta el momento, es evidente que para mejorar las condiciones de trabajo y elevar el nivel de seguridad y salud de las personas trabajadoras es necesario evitar o reducir y controlar los riesgos laborales mediante la adopción de las medidas oportunas. Esta acción se conoce como prevención.

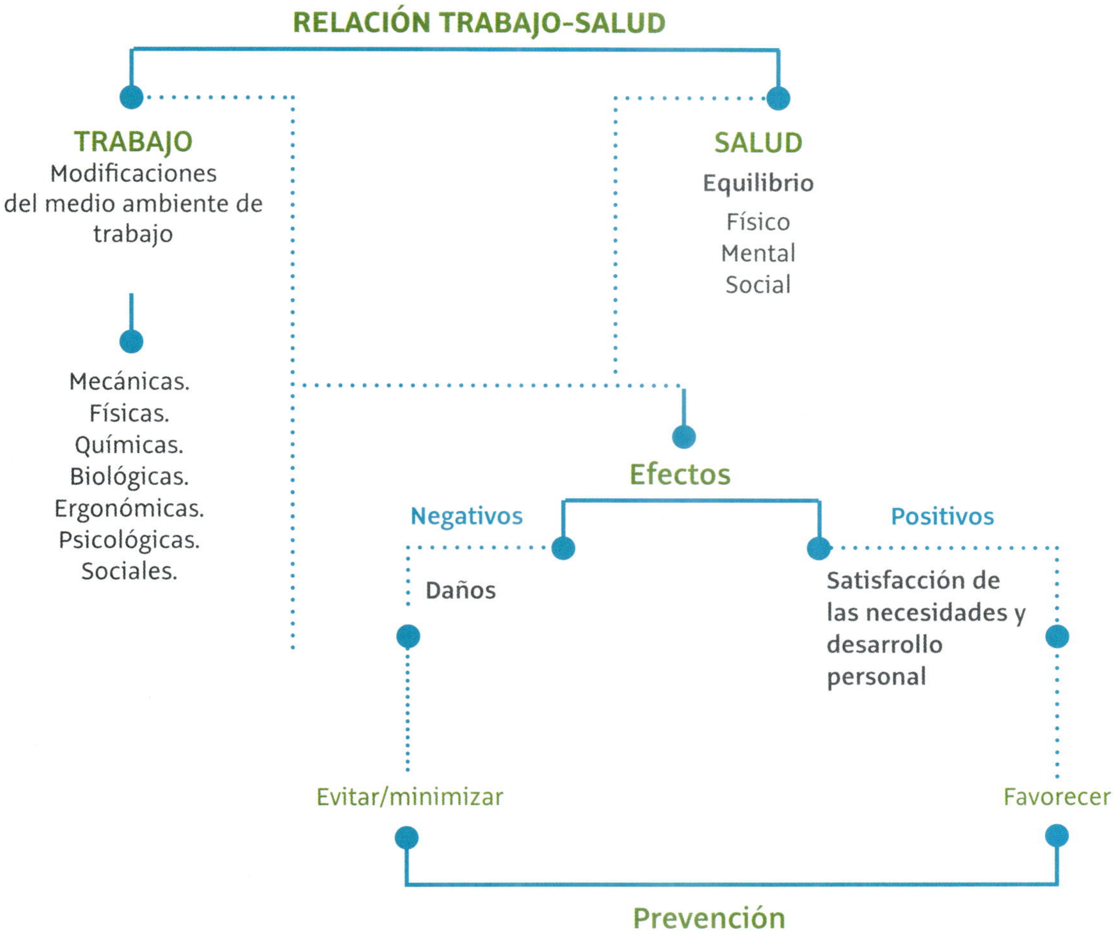

Figura 1.
Relación trabajo-salud. Fuente: Instituto Nacional de Seguridad y Salud en el Trabajo (INSST)

Dicha acción preventiva, conforme a la Ley de Prevención de Riesgos Laborales, debe ir encaminada, en la medida de lo posible, a eliminar los riesgos o, en caso contrario, a evitar o reducir sus efectos.

Para la consecución de sus objetivos, la prevención emplea diferentes técnicas. En primer lugar es preciso identificar, analizar y valorar los riesgos laborales por medio de las denominadas **técnicas analíticas**.

En función de la información proporcionada por dichas técnicas analíticas, las actuaciones posteriores deben ir encaminadas a evitar los riesgos en su origen o, en su caso, a disminuir la magnitud de los riesgos que no se hayan podido evitar o a minimizar sus consecuencias. Para ello se aplican **técnicas operativas de carácter preventivo** y, complementariamente, **técnicas operativas de protección**.

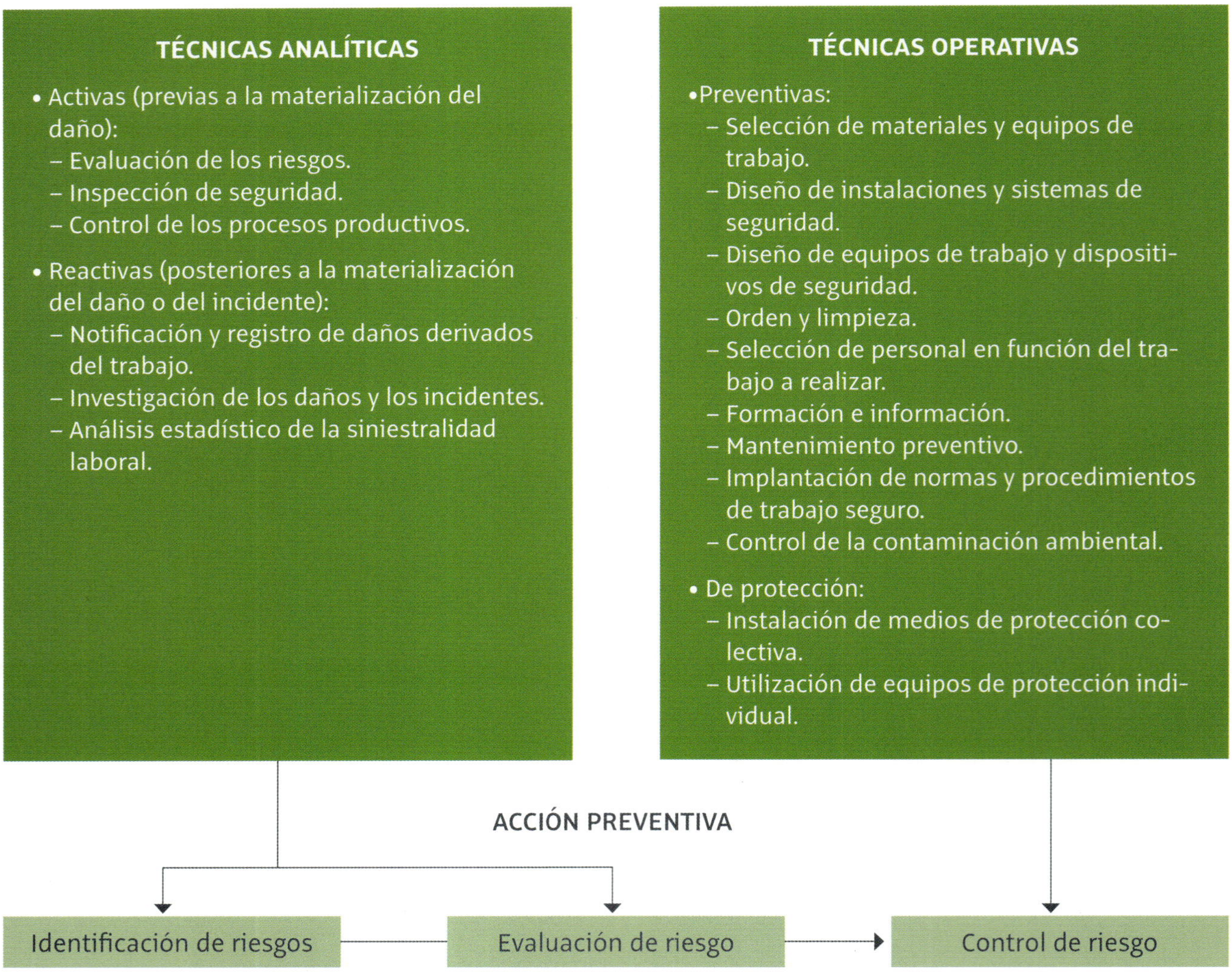

Figura 2.
Técnicas preventivas

Las técnicas de protección (colectiva e individual) deben seguir a las de prevención; es decir, han de ser complementarias de estas, pero no sustitutivas o alternativas.

Recuerda

Prevención ≠ Protección.

2. MEDIOS DE PROTECCIÓN COLECTIVA

La protección colectiva se puede definir como la técnica dirigida a proteger a más de una persona trabajadora frente a un mismo riesgo en una determinada área de trabajo.

Los medios de protección colectiva empleados con mayor frecuencia en las obras de construcción son:

2.1 Sistemas de redes de seguridad

Están constituidos por redes soportadas por una cuerda perimetral u otros elementos de sujeción o una combinación de ellos, diseñados para evitar o limitar, en función de su colocación, la caída de personas.

Los sistemas de redes de seguridad se clasifican, desde un punto de vista técnico, en los siguientes tipos:

- **Sistema S (red horizontal)**

Está compuesto por red de seguridad con cuerda perimetral (Norma UNE-EN 1263). La superficie mínima de paño es de 35 m^2 y los lados del mismo deberán ser mayores o iguales a 5 m.

El sistema se emplea, tanto en las obras de edificación como en la obra civil, para la protección de grandes huecos horizontales (patios interiores, en las primeras, o redes bajo tablero en la ejecución de los viaductos, en las segundas).

Figura 3.
Red de seguridad horizontal bajo la estructura de la cubierta

Amplía información sobre "Redes tipo S. Prevención de riesgos laborales en caídas a distinto nivel" viendo el siguiente vídeo: https://bit.ly/34zEutF

• **Sistema T (red de bandeja)**

Red de seguridad sujeta a consolas para su utilización horizontal (Norma UNE-EN 1263), con el fin de limitar la altura de caída.

Figura 4.
Red de bandeja durante la ejecución de la estructura del edificio

Asimismo, puede emplearse en posición vertical al objeto de limitar aún más la caída al exterior (posición A de la figura 5), aunque en este caso únicamente protege los trabajos que se desarrollen sobre la losa o el forjado al cual se ancla el sistema.

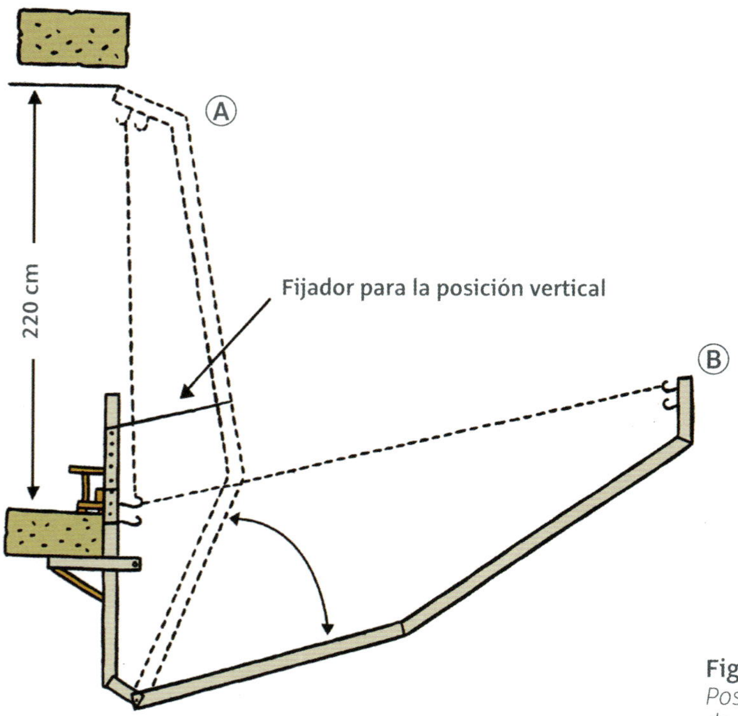

Figura 5.
Posición horizontal y vertical del sistema T de redes de seguridad

• **Sistema V (red de horca)**

Red de seguridad con cuerda perimetral sujeta a un soporte tipo horca. Se utiliza, preferentemente, en las obras de edificación para la protección perimetral durante la ejecución de las estructuras, es decir, en sus fases de encofrado, ferrallado y hormigonado. Este sistema de redes no evita la caída, sino que limita o atenúa las consecuencias de la misma.

Figura 6.
Red de seguridad sujeta a soportes tipo horca

Amplía información sobre "Redes tipo V. Prevención de riesgos laborales frente a caídas a distinto nivel" viendo el siguiente vídeo: https://bit.ly/34ySLGS

• **Sistema U**

Red de seguridad sujeta a una estructura soporte para su utilización vertical (Norma UNE-EN 1263).

A diferencia de los otros sistemas contemplados en la norma UNE-EN 1263, el sistema U tiene por objeto impedir las caídas de personas desde el área de trabajo donde se instala.

Se puede considerar la utilización de este tipo de red de seguridad en los sistemas provisionales de protección de borde como "protección intermedia" entre la barandilla superior y la superficie de trabajo, como se verá más adelante.

Figura 7.
Red de seguridad como protección intermedia en la protección de borde

- **Sistema de red vertical**

Está compuesto por redes de seguridad con cuerda perimetral para la protección de huecos verticales, tales como: balcones, terrazas, ventanas y cajas de escalera. Su colocación tiene que ser estirada y ajustada al hueco que se va a proteger, y los elementos de anclaje han de ser suficientemente resistentes.

Figura 8.
Red vertical anclada al canto de los forjados

- **Sistema de red bajo forjado**

Está compuesto por redes de seguridad con cuerda perimetral que limita la caída de los/las trabajadores/as al forjado inferior o al vacío (Norma UNE 81652).

Se emplean, tanto en el caso de colocación de tableros en los encofrados continuos, como cuando solo se encofran jácenas y zunchos.

Este sistema puede ser de dos tipos:

1. **Desechables**: normalmente las dimensiones de las redes son de 100 m de longitud y un ancho variable, entre 5 y 6,5 m.
2. **Reutilizables**: la dimensión de los paños de red es de 1 m o 1,2 m de anchura, con una longitud variable (3 m, 5 m o 10 m).

Figura 9.
Red bajo forjado desechable

Figura 10.
Red bajo forjado reutilizable

Amplía información sobre "Redes bajo forjado. Prevención de riesgos laborales frente a caídas en altura" viendo el siguiente vídeo: https://bit.ly/3fBxJha

Recuerda

Los sistemas de redes de seguridad están constituidos por redes soportadas por una cuerda perimetral u otros elementos de sujeción o una combinación de ellos, diseñados para evitar o limitar la caída de personas.

2.2 Sistemas provisionales de protección de borde

Conjunto de componentes destinados a proteger a las personas contra las caídas a un nivel inferior (Norma UNE-EN 13374).

Un sistema provisional de protección de borde debe estar constituido, al menos, por una barandilla principal, una barandilla intermedia o protección intermedia (por ejemplo, una red tipo U), un plinto o rodapié (con una altura sobre la superficie de trabajo tal que impida la caída de objetos y materiales) y los postes o balaustres.

Todos los elementos mencionados deben ser resistentes. En ningún caso podrán emplearse como barandillas y postes elementos improvisados, tales como: cuerdas, cintas y cadenas, o elementos o materiales diseñados para otros usos (señalización, balizamiento, etc.).

Existen diversos tipos de sistemas provisionales de protección de borde. Los más usuales son aquellos que se anclan al canto de los forjados (conocidos como "sargentos") y los que se empotran en un cartucho (introducido previamente en el forjado durante la fase de hormigonado del mismo). Otros sistemas de protección de borde que cabe destacar son:

- Barandillas contrapesadas: útiles cuando no es posible taladrar el suelo (por ejemplo, cubiertas impermeabilizadas, bordes de excavaciones, etc.).
- Barandillas para instalar en las estructuras metálicas, abrazando a las vigas.
- Barandillas abrazadas a postes tipo puntal metálico.

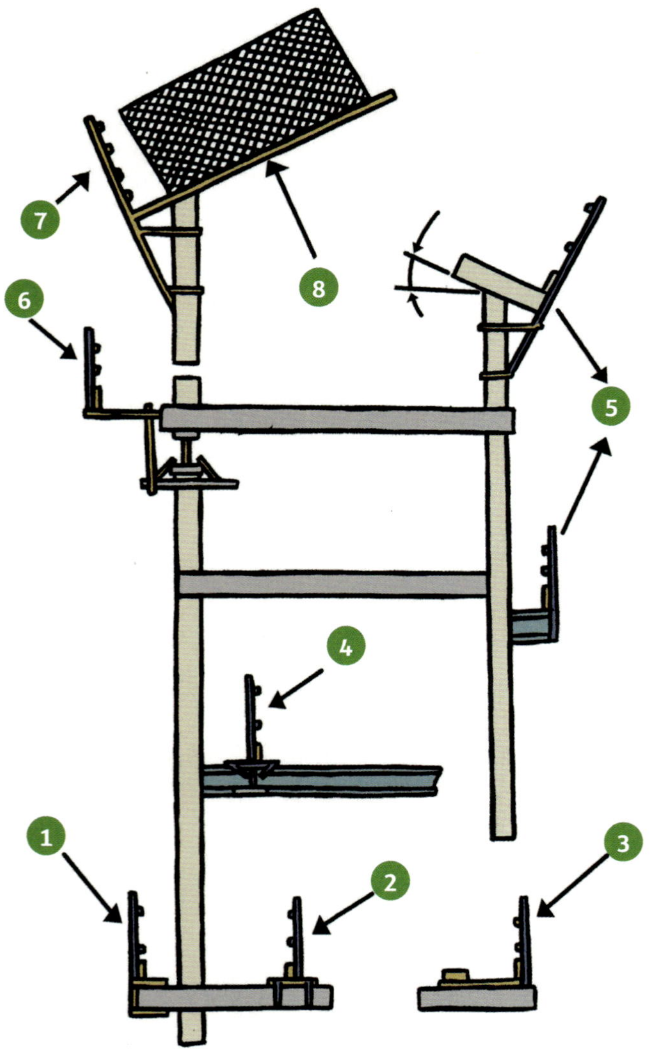

1. Sistema de mordaza para forjados (sargentos).
2. Sistema fijado al suelo.
3. Sistema contrapeso.
4. Sistema de mordaza para el ala superior de la viga.
5. Sistema de mordaza para columnas-forjados y cubiertas horizontales.
6. Mordaza para el ala inferior de una viga.
7. Sistema de mordaza para columnas-cubiertas inclinadas.
8. Sistema tipo mallazo.

Figura 11.
Ejemplos esquemáticos de los diferentes tipos de protección provisional de borde. Fuente: Norma UNE-EN 13374

Se recomienda que la altura de la protección de borde no sea inferior a 1 m medido perpendicularmente a la superficie de trabajo (reglamentariamente se establece una altura mínima de 90 cm).

Recuerda

Un sistema provisional de protección de borde debe estar constituido, al menos, por una barandilla principal, una barandilla intermedia, un plinto o rodapié (con una altura sobre la superficie de trabajo tal que impida la caída de objetos y materiales) y los postes o balaustres.

Amplía información sobre "Características e instrucciones del sistema provisional de protección de bordes" viendo el siguiente vídeo: https://bit.ly/3fDY3re

RESPETA EN TODO MOMENTO LAS PROTECCIONES COLECTIVAS FRENTE A LAS CAÍDAS DESDE ALTURA INSTALADAS EN LOS DESNIVELES DE LA OBRA Y EN LOS ANDAMIOS Y PLATAFORMAS DE TRABAJOS.

2.3 Cubrición de huecos mediante tapas

Durante el desarrollo del proceso constructivo se genera un gran número de pequeños huecos horizontales, tanto en la ejecución de los forjados (para permitir el paso de los conductos de instalaciones) como de las arquetas y pozos, entre otros.

Estos huecos pueden protegerse con tapas de madera o de otro material lo suficientemente resistentes y grandes para cubrirlos ampliamente.

Con objeto de garantizar la solidez de la protección, las tapas tienen que fijarse adecuadamente en el hueco que se va a proteger.

2.4 Viseras y marquesinas

Son elementos que se instalan en las vías de circulación de personas (personas de la obra e, incluso, peatones que transitan por una calle afectada por los trabajos) para protegerlas frente a la caída de materiales desde niveles superiores. Tienen que estar constituidos por elementos resistentes y no utilizarse como lugar para el acopio de materiales.

2.5 Sistemas de contención de los cortes de terreno

Entre los sistemas de contención de los cortes de terreno con riesgo de derrumbe se encuentran la entibación (por ejemplo, de zanjas, túneles y galerías subterráneas) y la estabilización (por ejemplo, de taludes mediante el gunitado o la colocación de mallas metálicas, gaviones, etc.).

Ejemplo

Estabilización de taludes mediante el gunitado.

Figura 12.
Trabajos de ferrallado de los cimientos en el fondo de la excavación

Las entibaciones son estructuras provisionales que, con carácter general, están constituidas por elementos de soporte (maderas, vigas, cerchas, planchas o cajones completos) y de acodalamiento, apuntalamiento o anclaje al propio terreno. En función de la calidad del terreno y del empuje del mismo, se emplearán distintos tipos de entibaciones: ligera, semicuajada o cuajada.

Estas estructuras provisionales de contención del terreno se deben proyectar, montar y mantener de manera que puedan soportar sin riesgos las cargas a las que serán sometidas.

Amplía información sobre "Entibaciones de zanjas. Prevención de riesgos laborales" viendo el siguiente vídeo: https://bit.ly/3c7FXM0

2.6 Setas de protección

Se trata de elementos que se instalan en los extremos de las esperas de la ferralla para evitar los riesgos de corte y de punzadas que se pueden producir, principalmente, durante la ejecución de la estructura.

2.7 Resguardos en máquinas y otros equipos de trabajo

Un resguardo es un dispositivo que impide el acceso a las zonas peligrosas o la ejecución de maniobras inadecuadas antes de que se produzca el acceso a dichas zonas. Pueden clasificarse en:

- **Fijos**: son aquellos que se mantienen en su posición (cerrados), ya sea de forma permanente (soldadura) o por medio de elementos de fijación (tornillos), que impiden que puedan ser retirados o abiertos sin el empleo de una herramienta.
  Los resguardos fijos, a su vez, se pueden clasificar en: envolventes, es decir, que encierran completamente la zona peligrosa; y distanciadores, es decir, aquellos que por sus dimensiones y distancia a la zona de peligro la hacen inaccesible.
- **Móviles**: son aquellos resguardos articulados o guiados que es posible abrir sin utilizar herramientas. Para garantizar su eficacia protectora, han de ir asociados a un dispositivo de enclavamiento, con o sin bloqueo.

Ejemplo

Las barandillas o puertas de acceso en plantas dispondrán de un dispositivo de paro que impida el funcionamiento del montacargas cuando está abierto.

Figura 13.
Puertas de acceso a la plataforma del montacargas en las plantas del edificio

- **Regulables**: son aquellos resguardos que son regulables en su totalidad o que incorporan partes regulables. Cuando se ajustan a una cierta posición, sea de forma manual (reglaje manual) o automática (autorregulable), permanecen en ella durante la realización de una operación determinada.

Ejemplo

La sierra circular sobre mesa dispone de un resguardo regulable que permite ajustarlo en función del espesor de la pieza que se ha de cortar.

Figura 14.
Corte de madera mediante sierra circular sobre mesa

3. EQUIPOS DE PROTECCIÓN INDIVIDUAL

Para combatir los riesgos laborales resulta prioritaria la aplicación de medidas técnicas y organizativas destinadas a eliminar dichos riesgos en su origen o a proteger al personal mediante medidas de protección colectiva. Cuando estas medidas se revelan insuficientes, se impone la utilización de los equipos de protección individual, con el fin de prevenir los riesgos residuales.

Se entiende por equipo de protección individual (EPI) cualquier dispositivo destinado a ser llevado o sujetado por el/la trabajador/a para que le proteja de uno o varios riesgos que puedan amenazar su seguridad o su salud, así como cualquier complemento o accesorio destinado a tal fin.

El EPI, por sí solo, no elimina ni corrige el factor de riesgo, sino que es una barrera colocada entre la fuente del daño y la persona.

Los EPI deben llevar el marcado "CE". Esto asegura que los mismos cumplen con la normativa vigente para su comercialización.

La utilización, almacenamiento, limpieza, etc. de los EPI debe efectuarse de acuerdo con las instrucciones de la empresa fabricante.

UTILIZA CORRECTAMENTE LOS EQUIPOS DE PROTECCIÓN INDIVIDUAL Y MANTENLOS EN PERFECTO ESTADO DE CONSERVACIÓN. SI ALGUNO DE ELLOS SE ENCUENTRA DETERIORADO, SOLICITA SU CAMBIO.

3.1 Categorías

Los equipos de protección individual se agrupan en tres categorías, en función del grado de peligrosidad de los riesgos frente a los que protegen:

- **Categoría I**: protegen frente a riesgos mínimos, son de diseño sencillo y la persona que lo utiliza puede juzgar por sí mismo su eficacia al percibir sin peligro los riesgos de forma progresiva. Un ejemplo de EPI de esta categoría son los guantes de jardinería o las gafas de sol.
  La empresa fabricante puede certificar directamente el cumplimiento de las exigencias de seguridad y salud.
- **Categoría II**: protegen frente a los riesgos de grado medio o elevado, pero no de consecuencias mortales o irreversibles. Por ejemplo, las mascarillas de retención de partículas pertenecen a esta categoría.
  Antes de ser fabricados deben someterse al examen "CE" realizado por un organismo independiente. Si se supera dicho examen, el organismo correspondiente expedirá un certificado en el que constará que el EPI cumple con las exigencias esenciales de seguridad y salud.

- **Categoría III**: protegen frente a los riesgos de consecuencias mortales o irreversibles. Son, entre otros, los equipos que protegen frente a los gases irritantes o tóxicos, equipos contra la caída en altura, equipos de protección frente a riesgos eléctricos y equipos de protección frente a temperaturas extremas (por debajo de -50 °C o superiores a 100 °C). Para utilizar correctamente los EPI de esta categoría se deben organizar sesiones formativas, con el fin de evitar los posibles fallos que pudieran cometerse durante el manejo de los mismos.
  Este tipo de EPI está obligado a superar el examen "CE" y someterse a un control de fabricación.

3.2 Tipologías de EPI

En función de la zona o parte del cuerpo que protegen, los equipos de protección individual se clasifican en:

a. Protección de la cabeza

Se utilizan para la protección del cráneo frente a determinados riesgos derivados de una actividad laboral. En las obras de construcción es muy frecuente el uso de cascos de seguridad que protegen a la persona de los riesgos de caída de objetos y golpes en la cabeza.

b. Protección de pies y piernas

El calzado de uso profesional es cualquier tipo de calzado destinado a proteger el pie frente a determinados riesgos derivados de la realización de una actividad laboral. En función de los riesgos particulares que se van a proteger, el calzado deberá disponer de determinadas características técnicas. Por ello, cabe diferenciar los siguientes tipos de calzado:

- **Calzado de seguridad**: calzado que proporciona protección en la parte de los dedos. Incorpora elementos de protección, como las punteras metálicas y las plantillas anticlavo, destinados a proteger de los riesgos de impacto y pinchazo, respectivamente.
  Las suelas o plantillas (antitérmicas, antiperforación o antitranspiración) pueden ser amovibles, con el fin de adaptar el calzado a la protección requerida.
- **Calzado de protección** frente al agua, el frío o el calor.
- **Calzado de trabajo**: un calzado de uso profesional que no proporciona protección en la parte de los dedos.

!

Recuerda

Por lo general, el calzado de seguridad utilizado por las persona trabajadoras en la obra tendrá puntera y plantilla antiperforación metálicas.

Además del calzado de uso profesional, existen otros EPI para la protección de las piernas, como:

- **Rodilleras**: que proporcionan una protección eficaz contra las lesiones que se pueden producir en las rodillas como consecuencia de la realización de trabajos, durante largos períodos de tiempo, en posiciones de descanso sobre ellas.

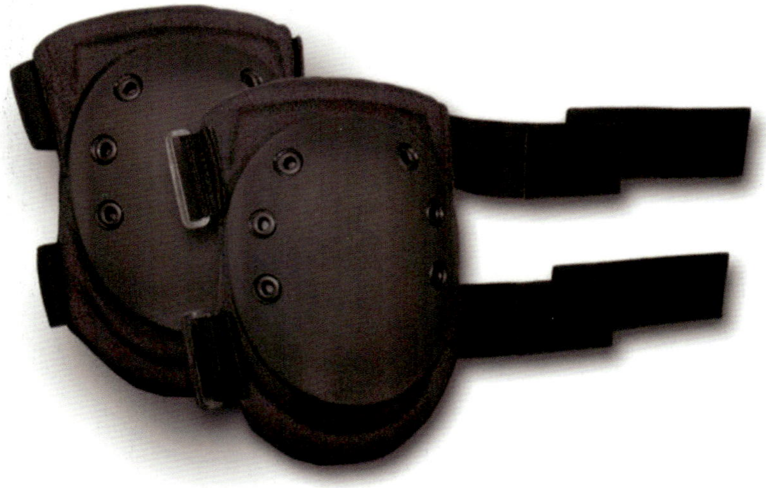

Figura 15.
Rodilleras

- **Cuña de espuma para las piernas**: puede atarse alrededor de la pantorrilla. Se usa durante la ejecución de los trabajos en los que es necesario permanecer en cuclillas. La cuña limita la flexión de la rodilla, evitando posturas extremas de la misma.

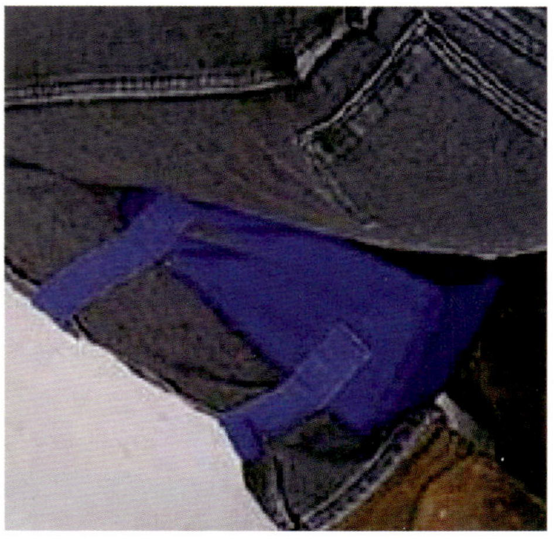

Figura 16.
Cuña almohadillada para limitar la flexión de la rodilla. Fuente: Manual de ergonomía en la construcción. FLC-IBV-FPRL

- **Polainas**: protección de las piernas frente a la proyección de material incandescente durante la realización de trabajos de soldadura y de oxicorte.

c. Protección de manos y brazos

Protegen de uno o varios peligros. Las características de estos EPI estarán en función de los riesgos de los que vayan a proteger (mecánicos, eléctricos, químicos...). Los protectores de las manos y los brazos más habituales en las obras de construcción son:

- **Guantes** frente a: las agresiones mecánicas que se producen durante la manipulación de objetos con aristas cortantes, trabajos de chorreado con arena, etc.; las agresiones químicas que se pueden generar durante la manipulación o utilización de productos ácidos y alcalinos, disolventes, desinfectantes y detergentes; o los contactos eléctricos durante la realización de trabajos en tensión.
- **Manguitos** frente a la proyección de material incandescente durante la realización de trabajos de soldadura y de oxicorte.
- **Muñequeras** frente a las vibraciones que se producen cuando se maneja, por ejemplo, un martillo neumático.

Para la fabricación de los protectores de las manos y los brazos se emplean una gran variedad de materiales (nitrilo, látex, neopreno, etc.).

Hay que elegir el guante apropiado en función del tipo de tarea que se ejecute. Por ejemplo, unos guantes pueden ayudar a proteger la piel del contacto con el cemento, pero es factible que no sean adecuados para la ejecución de otros trabajos de construcción.

d. Protección de ojos y cara

La ejecución de los trabajos de construcción puede conllevar riesgos para los ojos y la cara derivados de partículas proyectadas o que se encuentran en suspensión, sean sólidas, como un trozo de material, polvo, etc., o líquidas, como disolventes o resinas.

Para el control de este tipo de riesgos se dispone de **gafas de seguridad** que protegen únicamente los ojos. Existen varios tipos de gafa: de montura "universal", de montura "integral" (uni o binocular), y de montura tipo "cazoletas".

Cuando, además de proteger los ojos, protegen la totalidad de la cara, se definen como **pantallas de protección facial**.

Estos equipos de protección individual se han de utilizar, en general, durante la realización de ciertos trabajos, tales como:

- Manipulación o utilización de pistolas grapadoras o clavadoras.
- Utilización de equipos que produzcan polvo, tales como: sierras, rozadoras, hormigoneras, etc.
- Fragmentación de materiales cerámicos o pétreos (corte de baldosas, ladrillos o bloques).
- Trabajos con chorro proyector de abrasivos para la limpieza de materiales de obra, como el hormigón.

- Manipulación y utilización de dispositivos con chorro líquido cuando se realiza, por ejemplo, la rehabilitación de fachadas.

Además, cabe destacar la utilización de protectores oculares o faciales frente a las radiaciones durante la ejecución de trabajos de soldadura.

Figura 17. *Soldadura de elementos de ferralla*

e. Protección de los oídos
Los protectores auditivos son equipos de protección individual cuya función es atenuar los niveles de ruido que resulten dañinos.

Existen distintos tipos de protecciones auditivas en función del nivel de ruido que se pretenda atenuar:

- **Tapones auditivos y arcos aurales**: ocluyen, exclusivamente, el oído; son los que tienen menor capacidad de atenuación del nivel de ruido.
- **Orejeras**: cubren las orejas y tienen una mayor capacidad de atenuación del nivel de ruido.
- **Cascos antirruido**: cubren las orejas y gran parte de la cabeza. Son los que proporcionan mayor atenuación del nivel de ruido.

f. Protección de las vías respiratorias
En las obras de construcción se generan gran cantidad de partículas, como polvos, humos, nieblas, gases o vapores, con capacidad de afectar a las vías respiratorias por inhalación y provocar, por lo tanto, diversas enfermedades de carácter respiratorio.

Los equipos de protección respiratoria se clasifican en:

- **Filtrantes** (retienen los contaminantes en un filtro).
- **Aislantes** (proporcionan unas condiciones respiratorias aisladas de las del entorno de trabajo). En este último caso, el sistema suministra a quien lo utiliza un gas respirable ante la deficiencia de oxígeno, o para evitar la respiración de aire contaminado con capacidad de dañar seriamente la salud.

g. Protección de la piel

Son productos que protegen la piel del medio ambiente más o menos agresivo motivado por: los rayos solares y los ultravioletas, los productos químicos, etc.

Los protectores de la piel pueden ser **cremas y pomadas**. Se utilizarán durante:

- La manipulación de productos que contienen sustancias que afecten a la piel o puedan penetrar a través de ella.
- La ejecución de los trabajos bajo la exposición a la radiación solar prolongada.

h. Ropa de protección

La ropa de protección (chaquetas, chalecos, mandiles, buzo, etc.) es aquella diseñada para proteger contra uno o varios peligros (inclemencias meteorológicas, agresiones mecánicas, proyecciones de metales en fusión, agentes químicos, rayos X, contaminación radiactiva, etc.) durante la realización del trabajo.

No se considera ropa de protección la que únicamente tiene como finalidad la diferenciación corporativa.

Por otro lado, en las obras de construcción se emplean prendas de alta visibilidad destinadas a señalizar visualmente la presencia de la persona durante la realización de trabajos nocturnos o con escasa visibilidad y cuando se encuentra en las proximidades de vehículos y maquinaria móvil.

i. Equipos de protección contra las caídas de altura.

En las obras de construcción existen numerosas situaciones de riesgo de caída de altura. En este caso, la elección del equipo adecuado es primordial, ya que pertenecen a la categoría III que se ha mencionado anteriormente (una selección o manejo inadecuado pueden tener consecuencias nefastas).

Dentro de estos equipos se encuentran los **sistemas anticaídas** que están compuestos por:

- Un arnés anticaídas.
- Un punto de anclaje seguro, que puede ser un elemento fijo o una línea de anclaje.
- Una conexión para unir el arnés a dicho punto o línea de anclaje. En algunos casos, esta conexión dispone de un absorbedor de energía.

Todos los elementos del sistema también son EPI y su eficacia depende del conjunto.

Amplía información sobre "Dispositivos de protección: trabajo en alturas. Prevención de riesgos en caídas a distinto nivel" viendo el siguiente vídeo: https://bit.ly/3p9F76M

En la selección del sistema anticaídas adecuado han de considerarse:

- Sus características de diseño y de comportamiento en caso de caída.
- La presencia de obstáculos en las proximidades.
- La libertad de movimientos requerida para la ejecución de la tarea.
- La situación del punto de anclaje.

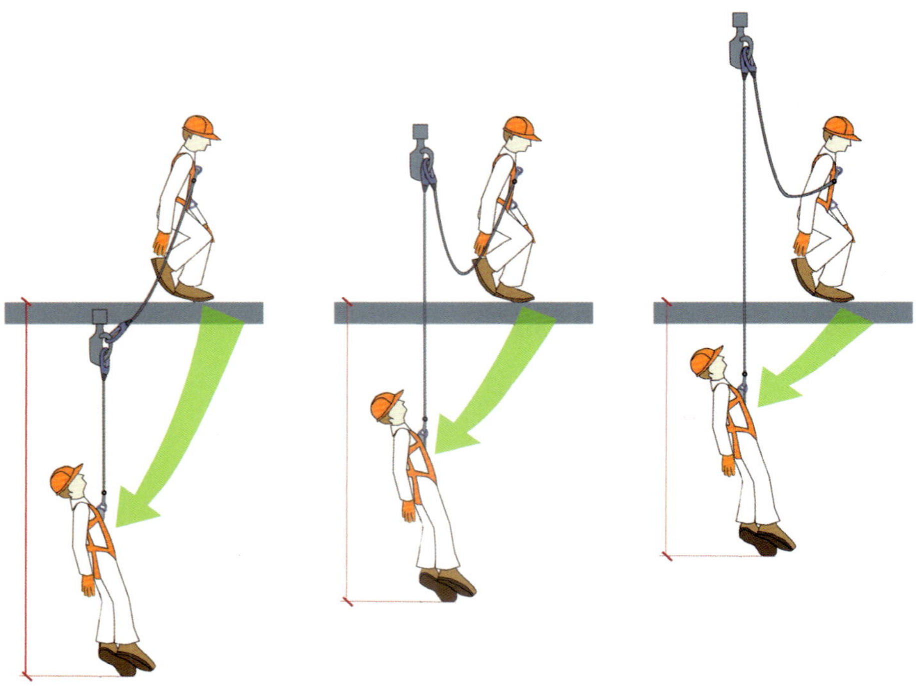

Figura 18.
Posición del punto de anclaje del sistema anticaídas

Recuerda

Siempre que sea posible, el dispositivo de anclaje del sistema anticaídas debe instalarse por encima de la cintura del trabajador/a y, preferentemente, por encima de la cabeza.

Por otra parte, los **equipos de protección individual para la sujeción en posición de trabajo y la prevención de las caídas de altura**, a diferencia de los sistemas anticaídas, no están diseñados para satisfacer los requisitos exigidos para la parada de las caídas.

Este tipo de equipos consta, por lo general, de un cinturón o dispositivo de prensión que rodea la cintura del trabajador/a, y de un componente de amarre para conectar el cinturón a un punto

Ejemplo

Utilización de un cinturón de sujeción durante la realización de las tareas de instalación de los mástiles de la línea de anclaje del sistema anticaídas.

Figura 19.
Colocación de la línea de anclaje del sistema anticaídas

Recuerda

La elección de un sistema anticaídas o de un cinturón de sujeción/retención dependerá de si el objetivo es frenar la caída, una vez que ésta ya se haya producido, o sostener a la persona que lo utilice.

4. SEÑALIZACIÓN

La señalización de seguridad y salud en el trabajo aporta una advertencia, obligación o instrucción a través de una señal en forma de panel, un color, una señal luminosa o acústica, una comunicación verbal o una señal gestual, según proceda.

La señalización no es una medida sustitutiva de cualquier otra de carácter organizativo, técnico (sistemas de protección colectiva, equipos de protección individual, etc.) o de formación e información.

La señalización debe utilizarse:

- Para indicar una situación de riesgo que no se ha podido eliminar.
- Como medida complementaria o como alternativa provisional de prevención hasta implantar las medidas de seguridad necesarias.

Recuerda

La señalización de seguridad y salud por sí misma no elimina los riesgos existentes; se emplea como medida complementaria a las actuaciones de prevención y protección de tales riesgos.

4.1 Criterios para el empleo de la señalización

La señalización ha de utilizarse siempre que el análisis de los riesgos, de las situaciones de emergencia previsibles y de las medidas preventivas adoptadas, ponga de manifiesto la necesidad de:

- Llamar la atención del personal sobre la existencia de determinados riesgos, prohibiciones u obligaciones.
- Alertar a las personas trabajadoras cuando se produzca una determinada situación de emergencia que requiera medidas urgentes de protección o evacuación.
- Facilitar a los trabajadores y las trabajadoras la localización e identificación de determinados medios o instalaciones de protección, evacuación, emergencia o primeros auxilios.
- Orientar o guiar a los/las trabajadores/as que realicen determinadas maniobras peligrosas.

4.2 Tipos de señales

Las señales pueden clasificarse, según su forma de manifestarse, en:

a. Señalización en forma de panel

Las señales en forma de panel están constituidas por la combinación de una forma geométrica, colores y un símbolo o pictograma que proporciona una determinada información. En la siguiente tabla se clasifican las señales en forma de panel según su significado, indicando sus formas y colores:

IMAGEN	SIGNIFICADO	FORMA	COLOR			
			Pictograma	Fondo	Borde	Banda
	Advertencia	Triangular	Negro	Amarillo	Negro	--
	Prohibición	Redonda	Negro	Blanco	Rojo	Rojo
	Obligación	Redonda	Blanco	Azul	Blanco o azul	--
	Lucha contra incendios	Rectangular o cuadrada	Blanco	Rojo	--	--
	Salvamento o socorro	Rectangular o cuadrada	Blanco	Verde	Blanco o verde	--

Nota: en el anexo correspondiente se recogen las señales de uso más habitual en las obras de construcción y su significado.

Figura 20. Colores de las señales de seguridad en forma de panel

Asimismo, cabe diferenciar la señalización **indicativa** que facilita información de orden diferente a las anteriores y, por lo general, no está específicamente normalizada.

Ejemplo

Supongamos que se trata de prohibir la utilización de un equipo fuera de servicio o de advertir del peligro que su uso puede conllevar. En este caso podría utilizarse la señal de prohibición o de advertencia de "peligro en general", según corresponda, y junto a la misma insertar un texto indicando: "EQUIPO FUERA DE SERVICIO. NO USAR".

Figura 21.
Señalización indicativa del estado de fuera de servicio del andamio

Por otra parte, una señal **adicional** o complementaria utilizada junto a otra señal en forma de panel facilita informaciones complementarias.

> **Ejemplo**
>
> Junto a la señal de advertencia de la presencia de productos inflamables se instala otra señal de prohibición de fumar o encender fuego. Esta segunda indica una información complementaria o adicional.

Figura 22.
Señal de advertencia del riesgo de caída a distinto nivel complementaria de la señal de uso obligatorio del arnés anticaídas

b. Señalización gestual

La señal gestual está constituida por un movimiento o disposición de los brazos o de las manos en forma codificada, con el fin de guiar a las personas que estén realizando maniobras que constituyan un riesgo o peligro para las personas trabajadoras.

GESTOS GENERALES		
Ilustración	Significado	Descripción
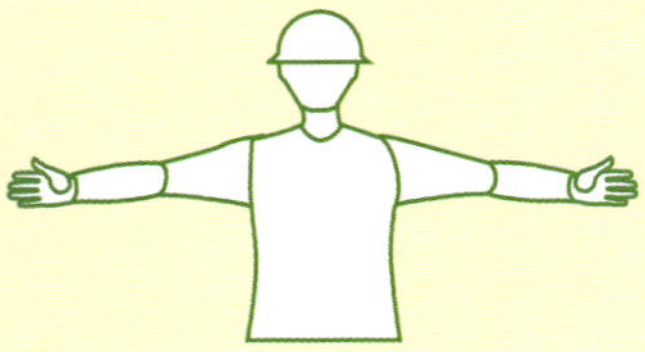	Comienzo: Atención Toma de mando	Los dos brazos extendidos de forma horizontal, las palmas de las manos hacia adelante

GESTOS GENERALES		
Ilustración	Significado	Descripción
	Alto: Interrupción Fin del movimiento	El brazo derecho extendido hacia arriba, la palma de la mano derecha hacia adelante
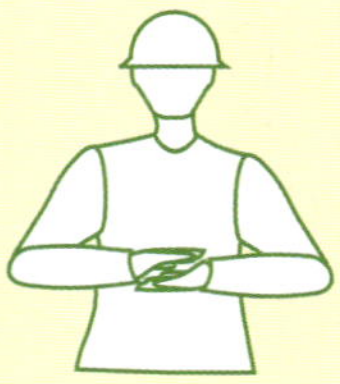	Fin de las operaciones	Las dos manos juntas a la altura del pecho

PELIGRO		
Ilustración	Significado	Descripción
	Alto (peligro) o parada de emergencia	Los dos brazos extendidos hacia arriba, las palmas de las manos hacia adelante

Figura 23.
Cuadro de ademanes de la persona que realiza las señales

MOVIMIENTOS VERTICALES		
Ilustración	**Significado**	**Descripción**
	Subir gancho (elevar carga)	Brazo derecho extendido hacia arriba, la palma de la mano derecha hacia delante, describiendo lentamente un círculo
	Levantar pluma	Una mano con el dedo pulgar hacia arriba, con el puño cerrado y moviéndose de abajo a arriba

MOVIMIENTOS VERTICALES		
Ilustración	**Significado**	**Descripción**
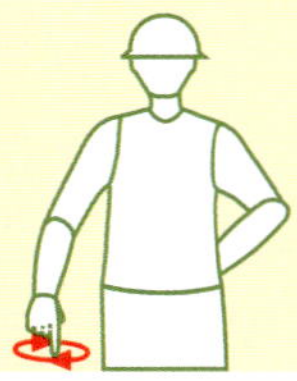	Bajar gancho (arriar la carga)	Brazo derecho extendido hacia abajo, palma de la mano derecha hacia el interior, describiendo lentamente un círculo
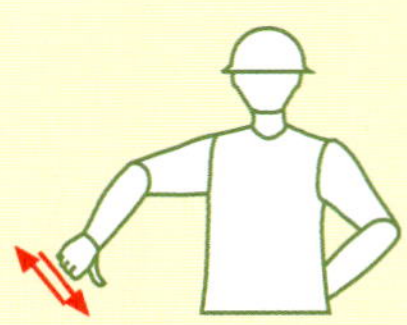	Bajar la pluma (abatir la pluma)	Mano con el puño cerrado y el dedo pulgar hacia abajo moviéndose de arriba a abajo
	Atención (distacia vertical)	Las manos indican la distancia vertical

Figura 23 (cont.). *Cuadro de ademanes de la persona que realiza las señales*

MOVIMIENTOS HORIZONTALES		
Ilustración	**Significado**	**Descripción**
	Avanzar	Los dos brazos doblados, las palmas de las manos hacia el interior, los antebrazos se mueven lentamente hacia el cuerpo
	Retroceder	Los dos brazos doblados, las palmas de las manos hacia el exterior, los antebrazos se mueven lentamente, alejándose del cuerpo
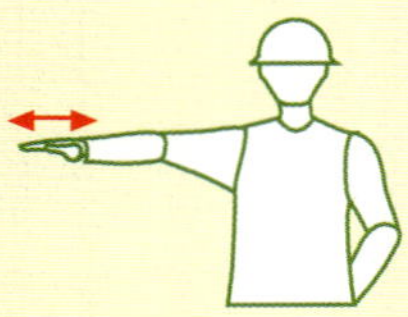	Hacia la derecha: con respecto al encargado de las señales	El brazo derecho extendido más o menos en horizontal, la palma de la mano derecha hacia abajo, hace pequeños movimientos lentos indicando la dirección

MOVIMIENTOS HORIZONTALES		
Ilustración	**Significado**	**Descripción**
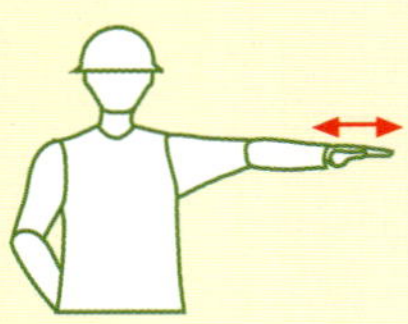	Hacia la izquierda: con respecto al encargado de las señales	El brazo izquierdo extendido más o menos en horizontal, la palma de la mano izquierda hacia abajo, hace pequeños movimientos lentos indicando la dirección
	Atención (distancia horizontal)	Las manos indican la distancia horizontal

Figura 23 (cont.). *Cuadro de ademanes de la persona que realiza las señales*

c. Señalización luminosa y acústica

La señal luminosa es emitida por medio de un dispositivo formado por materiales transparentes o translúcidos, iluminados desde atrás o desde el interior, de tal manera que aparezca por sí misma como una superficie luminosa.

La señal acústica consiste en la emisión de un sonido codificado y difundido por medio de un dispositivo apropiado, sin intervención de voz humana o sintética.

Figura 24.
Rotativo luminoso y avisador acústico de marcha atrás de la pala "mixta"

d. Comunicación verbal

La comunicación verbal está constituida por mensajes predeterminados en los que se utiliza voz humana o sintética (por ejemplo, el aviso de alarma, la orden de evacuación y las instrucciones frente a posibles situaciones de emergencia difundidos mediante mensajes verbales emitidos por megafonía).

4.3 ¿Qué se debe señalizar?

Las situaciones que habitualmente se deben señalizar son, entre otras:

- El acceso a las zonas o locales en los que se realicen actividades que requieran la utilización de equipos de protección individual.

Ejemplo

En los accesos a aquellas zonas en las que se lleven a cabo tareas que generen un ruido que supere los valores de exposición permitidos reglamentariamente, se dispondrán señales que informen de la obligación de usar protectores auditivos por parte de los que realicen dichas tareas, como de aquellos otros que accedan a estas áreas.

- Las zonas o locales de acceso restringido a personal autorizado debido a las características de la actividad que se realiza en los mismos (por ejemplo, salas de máquinas, túnel en excavación, etc.).
- Posibles situaciones de emergencia e instrucciones a seguir ante dichas situaciones.

Ejemplo

La señalización acústica que indica la existencia de un incendio y la señalización en forma de panel de las vías de evacuación a seguir ante dicha situación de emergencia.

- Equipos de lucha contra incendios (por ejemplo, de los extintores), salidas y recorrido de las vías de evacuación así como la ubicación de las instalaciones y de los medios de primeros auxilios (locales, botiquín, camilla, etc.).

Figura 25.
Señalización de la ubicación del extintor

- Cualquier otra situación que, como consecuencia de la evaluación de riesgos y de las medidas implantadas, así lo requiera, como, por ejemplo: la existencia de los riesgos de caída y de choque; la delimitación de las vías de circulación; la existencia de tuberías, recipientes y áreas de almacenamiento de sustancias y mezclas peligrosas; etc.

RESPETA LA SEÑALIZACIÓN DE SEGURIDAD Y SALUD.

RESUMEN

La acción preventiva, conforme a la Ley de Prevención de Riesgos Laborales, debe ir encaminada, en la medida de lo posible, a eliminar los riesgos o, en caso contrario, a evitar o reducir sus efectos.

Las técnicas de protección (colectiva e individual) deben seguir a las de prevención; es decir, han de ser complementarias de estas, pero no sustitutivas o alternativas.

Entre las protecciones colectivas frente al riesgo de caída de altura cabe destacar los sistemas provisionales de protección de borde (barandillas) y las redes de seguridad. Asimismo, hay que diferenciar dos tipos de protecciones colectivas: las que impiden la caída y las que, simplemente, la limitan. Resulta más adecuado utilizar las citadas en primer lugar, por el mayor nivel de seguridad que proporcionan.

RESPETA EN TODO MOMENTO LAS PROTECCIONES COLECTIVAS FRENTE A LAS CAÍDAS DESDA ALTURA INSTALADAS EN LOS DESNIVELES DE LA OBRA Y EN LOS ANDAMIOS Y PLATAFORMAS DE TRABAJO.

Los sistemas de contención del terreno, como entibaciones y tratamientos de estabilización, se emplean para el sostenimiento de las paredes de excavación que presenten riesgo de derrumbe.

Otros medios de protección colectiva de uso frecuente en el sector de la construcción son: setas de protección en los extremos de la ferralla, barreras delimitadoras de las vías de circulación para vehículos y maquinaria, carcasas y resguardos de las partes móviles y en tensión de las máquinas, etc.

Se entiende por equipo de protección individual cualquier dispositivo destinado a ser llevado o sujetado por la persona trabajadora para que le proteja de uno o varios riesgos que puedan amenazar su seguridad o su salud, así como cualquier complemento o accesorio destinado a tal fin.

Los tipos de equipos de protección individual que es necesario utilizar en una obra son diversos: casco, calzado de seguridad, guantes, arnés anticaídas, chaleco de alta visibilidad, auriculares o tapones, gafas o pantallas, mascarillas, etc.

UTILIZA CORRECTAMENTE LOS EQUIPOS DE PROTECCIÓN INDIVIDUAL Y MANTENLOS EN PERFECTO ESTADO DE CONSERVACIÓN. SI ALGUNO DE ELLOS SE ENCUENTRA DETERIORADO, SOLICITA SU CAMBIO.

La señalización de seguridad y salud por sí misma no elimina los riesgos existentes; se emplea como medida complementaria a las actuaciones de prevención y protección de dichos riesgos.

RESPETA LA SEÑALIZACIÓN DE SEGURIDAD Y SALUD.

UD2 Medios auxiliares, equipos y herramientas

Contenido

1. CONDICIONES GENERALES DE UTILIZACIÓN

Se entiende por **equipo de trabajo** cualquier máquina, aparato, instrumento o instalación utilizado en el trabajo. Por lo tanto, el término "equipo de trabajo" resulta extremadamente amplio.

Son numerosos y diversos los equipos de trabajo empleados tanto en las obras de edificación, como en las de ingeniería civil: equipos para la elevación de cargas, equipos para la realización de trabajos temporales en altura, máquinas-herramientas, herramientas manuales, etc.

Los equipos de trabajo generan riesgos que pueden afectar a quienes los utilizan y a aquellos que se encuentren en el área de influencia de los mismos.

La presente unidad didáctica se centra tanto en las condiciones de utilización aplicables de manera general a los equipos de trabajo, como en las disposiciones específicas de aplicación a determinados equipos de uso común en las obras de construcción.

Cabe señalar que distintos equipos de trabajo, como ciertos tipos de andamios, aparatos de elevación de cargas y vehículos y maquinaria de movimiento de tierras no se abordan en esta parte común, ya que su uso se considera específico de determinados oficios o puestos de trabajo y, por lo tanto, se tratarán en las correspondientes partes específicas del programa formativo de segundo ciclo.

A continuación se destacan las siguientes disposiciones mínimas de seguridad y salud relacionadas con el uso de los equipos de trabajo:

- No deberán emplearse de forma, en operaciones o en condiciones contraindicadas por la empresa fabricante. Tampoco podrán usarse sin los elementos de protección previstos para la realización de la operación de la que se trate en adecuadas condiciones de seguridad.
- La utilización y, en su caso, el montaje y el desmontaje se han de realizar de manera segura, atendiendo a las instrucciones de la empresa fabricante.
- Deberán ser instalados y utilizados de forma que no puedan caer, volcar o desplazarse de forma incontrolada, poniendo en peligro la seguridad de las personas trabajadoras.
- Cuando corresponda, los/las trabajadores/as deberán poder acceder y permanecer en condiciones de seguridad en todos los lugares necesarios para su utilización, ajuste o mantenimiento.
- En el caso de las máquinas, antes de su utilización se comprobará que las protecciones y condiciones de uso son las adecuadas y que la conexión o puesta en marcha no representa un peligro para los propios operadores ni para terceros.
- No deberán someterse a sobrecargas, sobrepresiones, velocidades o tensiones excesivas que puedan poner en peligro la seguridad de quien que los utiliza o la de terceros.
- Dejarán de utilizarse si se producen deterioros, averías u otras circunstancias que comprometan la seguridad de su funcionamiento.
- Deberán tomarse las medidas necesarias para imposibilitar el uso de los equipos que hayan sido retirados del servicio. En caso contrario, tendrán que permanecer con sus dispositivos de protección.

Ejemplo

En el caso de una máquina averiada a la cual se le ha de retirar un resguardo destinado a cubrir determinadas partes móviles de la misma para proceder a su reparación, puede imposibilitarse que el personal no autorizado accione dicha máquina mediante la retirada y custodia de la llave de contacto.

- Las operaciones de mantenimiento, ajuste, desbloqueo, revisión o reparación que puedan suponer un peligro para la seguridad, se realizarán tras haber parado o desconectado el equipo, haber comprobado la inexistencia de energías residuales peligrosas y tomado las medidas necesarias para evitar su puesta en marcha o conexión accidental.
- Aquellos equipos cuya utilización en locales mojados o de alta conductividad o en lugares con atmósferas explosivas o con alto riesgo de incendio supongan un peligro para la seguridad de los trabajadores, no serán empleados en dichas condiciones peligrosas.

Ejemplo

En ambientes mojados o de alta conductividad deben utilizarse, por ejemplo, aparatos eléctricos portátiles que trabajen con una tensión de seguridad (24 voltios en corriente alterna).

El manual de instrucciones proporcionado por la empresa fabricante del equipo de trabajo deberá estar a disposición de las personas que lo utilicen o intervengan en las operaciones de mantenimiento y reparación.

Recuerda

Los equipos de trabajo no deben emplearse de forma, en operaciones o en condiciones contraindicadas por la empresa fabricante. Tampoco podrán utilizarse sin los elementos de protección previstos para la realización de la operación de la que se trate en condiciones de seguridad.

A continuación se destacan algunas de las condiciones de seguridad y salud aplicables según el tipo de equipo de trabajo que se trate.

2. EQUIPOS DE TRABAJO PARA LA REALIZACIÓN DE TRABAJOS TEMPORALES EN ALTURA

Cabe recordar que los trabajos en altura solo podrán efectuarse, en principio, con la ayuda de equipos concebidos para tal fin o utilizando dispositivos de protección colectiva, tales como, barandillas, plataformas o redes de seguridad.

2.1 Plataformas de trabajo

Una **plataforma de trabajo** es una superficie resistente, generalmente horizontal, y fabricada en madera o con elementos metálicos, que se encuentra elevada sobre el nivel del suelo y que se utiliza como base para la realización de trabajos en altura.

Los equipos de trabajo empleados para la realización de trabajos temporales en altura, tales como, los andamios y las plataformas elevadoras móviles de personal, disponen de plataformas de trabajo.

No se almacenará material en exceso sobre la plataforma. Además, dicha plataforma estará ordenada y limpia de escombros, para evitar tropiezos y caídas.

Los trabajos sobre las plataformas se suspenderán en días de fuerte viento y condiciones meteorológicas adversas.

Todas las plataformas de trabajo tienen que reunir los siguientes requisitos:

- Ser sólidas y estables, teniendo en cuenta el número de personas trabajadoras que vayan a ocuparlas y las cargas máximas que puedan tener que soportar.
- Los elementos que las conforman deben ser compatibles y solidarios.
- La anchura mínima ha de ser de 60 cm.
- Las plataformas situadas a más de 2 metros de altura tienen que protegerse mediante barandillas resistentes (pasamanos, protección intermedia y rodapié) u otro sistema de protección colectiva de seguridad equivalente.

Se debe evitar la instalación de plataformas de trabajo de construcción improvisada y sobre cuya solidez y estabilidad no se tengan garantías.

Figura 1.
Plataforma de trabajo inadecuada

2.2 Andamios

Los andamios son construcciones provisionales y auxiliares que se emplean tanto para el posicionamiento de los/las trabajadores/as en los puestos de trabajo en altura, como para el acceso a los mismos.

Todo andamio debe cumplir los requisitos establecidos en la normativa vigente en lo que respecta a su utilización (disposiciones generales y específicas en función del tipo de andamio).

!

Recuerda

Las operaciones de montaje, modificación sustancial y desmontaje del andamio serán realizadas siempre por personas que hayan recibido una formación adecuada.

A continuación se van a abordar los tipos de andamio de uso habitual y común reservándose el tratamiento del resto de andamios a la parte específica de los programas formativos de segundo ciclo correspondientes a aquellos oficios en los que su utilización sea más relevante:

a. Andamios de caballetes (borriquetas)

Los andamios de caballetes están conformados básicamente por los siguientes elementos:

- **Caballetes, asnillas, borriquetas o bastidores**: son los elementos verticales de apoyo del andamio. Existe gran variedad de tipos de caballetes: fijos, extensibles en altura, de apertura variable.
- **Plataforma de trabajo**: constituida por varias pisas o planchas que disponen de un sistema de enclavamiento para evitar su vuelco o desplazamiento.

En caso necesario, se han de realizar **amarres** con el fin de unir dichos elementos y evitar una pérdida de estabilidad de los mismos.

Las borriquetas metálicas de tipo "tijera" han de estar dotadas de cadenas limitadoras de la apertura máxima para garantizar su estabilidad.

Estos andamios solo podrán emplearse hasta los 3 m de altura. Dependiendo de la altura y del tipo de caballete o bastidor vertical que se emplee, puede ser preciso disponer de tijeras o diagonales (cruces de San Andrés) de arriostramiento.

Asimismo, los andamios de borriquetas cuya plataforma de trabajo esté ubicada a más de 2 metros de altura, han de estar protegidos, en todo su perímetro, mediante barandillas sólidas, formadas por pasamanos, protección intermedia y rodapié.

Igualmente, en los trabajos sobre este tipo de andamios en balcones, terrazas o en la proximidad de aberturas con riesgo de caída a más de 2 m de altura, se utilizarán medios de protección colectiva (barandillas, redes, etc.).

Las borriquetas se han de asentar sobre una superficie firme y nivelada. No se han de apoyar sobre materiales frágiles como ladrillos, bovedillas, etc. Tampoco se han de usar borriquetas superpuestas ni apoyar otros andamios sobre sus plataformas.

b. Torres de trabajo móviles

Se definen como estructuras de andamio capaces de desplazarse manualmente sobre un terreno firme y nivelado. Disponen de una o más plataformas de trabajo y, generalmente, están dotadas de cuatro ruedas pivotantes. Las más utilizadas son aquellas formadas por módulos de andamio tubular.

Estos equipos de trabajo se utilizan, de forma habitual, para trabajos en altura que precisan un andamio ligero pero que, al mismo tiempo, ofrezca una cómoda superficie de trabajo y una determinada capacidad de carga.

Generalmente, la altura de la torre de trabajo (desde el suelo a la última plataforma) no podrá exceder de 4 m por cada metro del lado menor (3 m en zonas expuestas al viento) para garantizar su estabilidad. En todo caso, tendrán que seguirse las instrucciones de la empresa fabricante (utilizar estabilizadores, aumentar el lado menor, etc.).

H/L<4 (zonas al abrigo del viento)
H/L<3 (zonas expuestas al viento)
H: altura desde la base a la plataforma
L: anchura lado menor de la base

Figura 2.
Torre de trabajo móvil: relación altura-anchura

Las ruedas de las torres de trabajo móviles han de disponer de un dispositivo de bloqueo de la rotación y de la traslación. Asimismo, tendrá que verificarse el correcto funcionamiento de los frenos. Estas torres solo deben moverse manualmente sobre un suelo firme, sólido, nivelado y libre de obstáculos, asegurando previamente la ausencia de personal, material o herramientas sobre las mismas.

El acceso a la plataforma se realizará por el interior, por medio de escaleras o escalas integradas para tal fin, y no por el exterior a través de los travesaños o barras de su estructura.

Amplía información sobre "Prevención de riesgos laborales en el montaje y uso de torres de trabajo. Andamios tubulares" viendo el siguiente vídeo: https://bit.ly/3p8sdWt

2.3 Plataformas elevadoras móviles de personal

Las plataformas elevadoras móviles de personal (PEMP) están constituidas por:

- **Chasis**: es la base de la PEMP. Existen diferentes tipos: autopropulsado, empujado o remolcado; puede estar situado sobre el suelo, ruedas, cadenas, orugas o bases especiales; montado sobre remolque, semirremolque, camión o furgón; o fijado con estabilizadores.
- **Plataforma de trabajo**.
- **Estructura extensible**: asentada en el chasis, permite mover la plataforma de trabajo hasta la posición deseada. Puede constar de uno o más tramos o brazos, simples, telescópicos o articulados, o de un sistema de tijeras.

Figura 3.
PEMP con estructura extensible tipo "tijeras"

Figura 4.
PEMP con brazo elevador articulado y telescópico

Estos equipos de trabajo concebidos para la elevación de personas tienen la consideración de máquinas, por lo que han de disponer de marcado CE, declaración CE de conformidad con los requisitos esenciales de seguridad y salud establecidos por la reglamentación vigente y manual de instrucciones.

A las PEMP son de aplicación, entre otras, las siguientes disposiciones de seguridad y salud:

- El personal que las maneje deber estar cualificado y formado. No se permitirá la utilización y el acceso a personas carentes de autorización.
- Se ha de reconocer previamente el terreno por donde debe desplazarse la plataforma asegurando que esté nivelado y sea estable.
- Tendrá que verificarse la ausencia de líneas eléctricas aéreas en el entorno así como la presencia de elementos fijos que interfieran en el desplazamiento de la plataforma.
- El acceso a la plataforma se realizará con esta en posición baja. No se debe trepar por la estructura del equipo sino por el punto establecido para tal fin (peldaños, asideros, etc.).
- La plataforma se elevará una vez que el equipo se encuentre detenido y estabilizado en su posición de trabajo.

Amplía información sobre "Riesgos y medidas preventivas en la utilización de plataforma elevadora móvil de personal (PEMP)" viendo el siguiente vídeo: https://bit.ly/3ibLc1c

2.4 Escaleras de mano

Cabe diferenciar los siguientes tipos de escalera de mano:

- Simples.
- Extensibles.
- Dobles o de tijeras.

Las escaleras de mano deberán tener la resistencia y los elementos necesarios de apoyo o sujeción, para que su utilización en las condiciones para las que han sido diseñados no suponga un riesgo de caída por rotura o desplazamiento. En particular, las escaleras de tijera dispondrán de elementos de seguridad que impidan su apertura. En el caso de las escaleras extensibles, tienen que estar diseñadas de manera que, durante su utilización, no se puedan cerrar o separar sus tramos.

Las escaleras se colocarán de forma que su estabilidad durante su utilización esté asegurada. Sus puntos de apoyo deberán asentarse sólidamente sobre un soporte de dimensiones adecuadas, estable, resistente e inmóvil, con el fin de que los travesaños queden en posición horizontal. Las escaleras suspendidas se fijarán de forma segura para que no puedan desplazarse y se eviten los movimientos de balanceo.

Además de lo anterior, cabe observar las siguientes condiciones de utilización:

- Estos equipos de trabajo se revisarán periódicamente. Si la escalera está constituida por elementos de madera, no se pintará (salvo con barniz transparente) por la dificultad que ello supone para la detección de sus posibles defectos.
- No se deberán emplear escaleras de mano y, en particular, escaleras de más de cinco metros de longitud, sobre cuya resistencia no se tengan garantías.
- No se utilizarán por dos trabajadores al mismo tiempo.
- La manipulación o el transporte a mano de una carga sobre una escalera se hará de modo que ello no impida una sujeción segura.
- Debe impedirse el deslizamiento de la escalera de mano durante su utilización (por ejemplo, mediante un dispositivo antideslizante o fijando la parte superior o inferior de los largueros). Si dispone de ruedas, deberán haberse inmovilizado antes de acceder a la escalera.
- Se subirá y bajará de frente a la escalera, nunca de espaldas a esta.

Cuando, de manera justificada, se opte por la utilización de una escalera de mano como **puesto de trabajo en altura**, esta deberá emplearse de forma que las personas puedan tener, en todo momento, un punto de apoyo y de sujeción seguros.

En particular, los **trabajos que se ejecuten a más de 3,50 m de altura** desde el punto de operación al suelo, que requieran movimientos o esfuerzos peligrosos para la estabilidad del trabajador/a, solo se efectuarán si se utiliza un equipo de protección individual anticaídas o se adoptan otras medidas de protección alternativas.

No se ha de pasar de un lado a otro de la escalera de tijeras por su parte superior y se ha de evitar la posición a horcajadas.

Es conveniente sustituir las escaleras de tijeras por plataformas de trabajo adecuadas (andamio de borriqueta, torre de trabajo móvil, etc.) para la realización de los trabajos que se observan en esta imagen.

Figura 5.
Utilización de escaleras de tijera como puesto de trabajo en altura

Figura 6.
Plataforma de trabajo móvil. Fuente: Manual de ergonomía en la construcción. Instituto de Biomecánica de Valencia IBV-FLC-FPRL

2.5 Técnicas de acceso y de posicionamiento mediante cuerdas (trabajos verticales)

Se utilizan estas técnicas en aquellos trabajos donde el montaje de sistemas tradicionales (andamios) resulta dificultoso técnicamente o presenta un riesgo excesivo. Los campos de aplicación más utilizados son: acabados y mantenimiento de edificios nuevos y antiguos, rehabilitación y mantenimiento de equipos industriales y monumentos, líneas eléctricas aéreas, presas, etc.

La utilización de estas técnicas se ha de limitar a aquellas circunstancias en las cuales la evaluación del riesgo indique que en esas condiciones el trabajo puede ejecutarse de manera segura y en las que, además, no está justificada la utilización de otro equipo de trabajo más seguro.

El personal que utilice estas técnicas tendrá que poseer una información y formación adecuada y específica para las operaciones previstas. Esta información y formación se referirá a los siguientes aspectos:

- Las técnicas para la progresión mediante cuerdas y sobre estructuras.
- Los sistemas de sujeción.
- Los sistemas anticaídas.
- Las normas sobre el cuidado, mantenimiento y verificación del equipo de trabajo y de seguridad.
- Las técnicas de salvamento de personas accidentadas en suspensión.
- Las medidas de seguridad ante condiciones meteorológicas que puedan afectar a la seguridad.
- Las técnicas seguras de manipulación de cargas en altura.

En relación con las técnicas de acceso y de posicionamiento mediante cuerdas, cabe señalar las siguientes condiciones de utilización:

- Hay que evitar el contacto de las cuerdas con el agua (ya que reduce su resistencia) y, en lo posible, su exposición a los rayos solares. Las cuerdas deben mantenerse limpias.
- Todos los elementos que componen el equipo de trabajo han de comprobarse y verificarse diariamente por cada operario/a antes de iniciar los trabajos. Tiene que desecharse cualquier elemento que presente algún tipo de daño.
- Las herramientas y demás accesorios que tengan que utilizarse deberán estar sujetos al arnés, al asiento, o anclados por otros medios.
- Deben regularse los descansos periódicos y las condiciones ergonómicas del trabajo.
- La zona perimetral de la vertical donde se vayan a realizar los trabajos debe delimitarse mediante un vallado o instalando un andamio de protección en el nivel inferior y una lona protectora que cubra toda la vertical de los trabajos.

!

Recuerda

El personal que utilice las técnicas de acceso y de posicionamiento mediante cuerdas deberá poseer una información y formación adecuada y específica para las operaciones previstas.

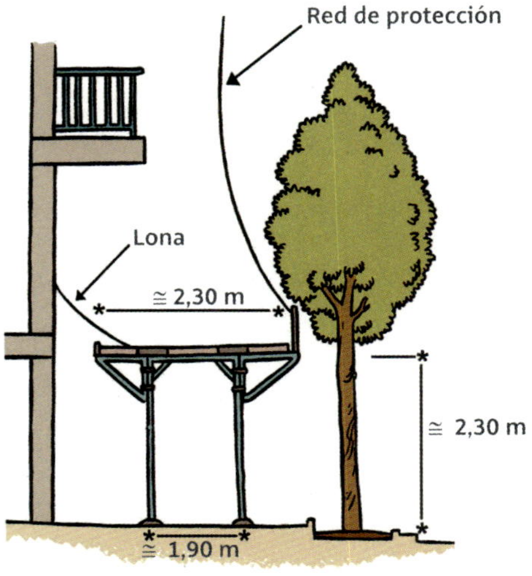

Figura 7.
Protección de los trabajos verticales.
Fuente: INSST, NTP-682

Amplía información sobre "Guía interactiva para la elección de equipos de protección individual y sistemas de anclaje para el trabajo en altura en construcción" a través del siguiente enlace: https://bit.ly/3gPTmdi

3. PASARELAS

Las **pasarelas** son superficies horizontales o ligeramente inclinadas que permiten el paso de un lugar a otro de la obra cuando existe una diferencia de altura o una separación entre superficies de trabajo (paso sobre excavaciones, entre forjados, etc.).

Las pasarelas han de estar formadas por materiales de madera, metálicos, etc. que estén perfectamente unidos entre sí. La anchura mínima de las pasarelas será de 60 cm.

Las pasarelas que supongan un riesgo de caída de altura superior a 2 metros, se protegerán mediante barandillas u otros sistemas de protección colectiva de seguridad equivalente. Estas barandillas serán resistentes, tendrán una altura mínima de 90 cm (recomendable 1 m) y dispondrán de: pasamanos, protección intermedia y rodapié.

Si se usan para salvar desniveles, el peldañeado será el adecuado para el correcto tránsito de las personas.

4. EQUIPOS DE TRABAJO PARA LA ELEVACIÓN Y EL TRANSPORTE DE CARGAS

Los equipos de trabajo para la elevación y el transporte de cargas serán manejados por trabajadores/as autorizados/as que hayan recibido una formación adecuada y suficiente.

Estos equipos serán examinados y probados antes de su puesta en servicio. Ambos aspectos han de quedar debidamente documentados.

En los aparatos elevadores y en los accesorios de izado se tendrá que colocar, en lugar visible, la indicación de su carga máxima que, en ningún caso, debe ser sobrepasada.

Deberán tomarse medidas para evitar la presencia de trabajadores/as bajo las cargas suspendidas. No estará permitido el paso de las cargas por encima de lugares de trabajo (no protegidos) ocupados habitualmente por trabajadores/as. Si ello no fuera posible por no poderse garantizar la correcta realización de los trabajos de otra manera, tendrán que definirse y aplicarse los procedimientos de trabajo adecuados.

Las cargas suspendidas de gran tamaño se gobernarán mediante cuerdas o cabos. Además, para la elevación de cargas de grandes dimensiones y formas singulares, es necesario utilizar balancines diseñados para tal fin.

En la obra existirá la persona responsable del enganche y desenganche de las cargas transportadas con las grúas, así como de la utilización de los accesorios de elevación destinados a asegurar el buen posicionamiento de dichas cargas.

NO TE SITÚES NI PERMANEZCAS BAJO LAS CARGAS SUSPENDIDAS NI DENTRO DEL RADIO DE ACCIÓN DE LOS APARATOS ELEVADORES.

Aparte de las anteriores consideraciones generales, se han de observar las condiciones específicas de seguridad y salud aplicables en función del tipo de equipo de elevación y transporte de cargas que se utilice. En este sentido, se tratan, a continuación, los equipos de elevación y transporte de cargas de uso frecuente y común en la mayoría de oficios:

4.1 Cabrestante mecánico (maquinillo)

Es un equipo de trabajo formado por una polea instalada en el extremo de un brazo rígido metálico anclado en la base o en el soporte. Está constituido por un motor eléctrico que hace girar un cilindro sobre el que se va enrollando o desenrollando el cable del que, previo paso por la mencionada polea, penden las cargas que se han de subir o bajar.

Los dos tipos más habituales de cabrestantes mecánico son: "de puntal o de columna", que suele tener una capacidad de carga de entre 150 y 350 kg, y el que comúnmente se conoce como "maquinillo de trípode", con mayor capacidad de carga (algunos modelos superan los 500 kg de carga máxima).

El manejo del cabrestante mecánico entraña importantes riesgos que pueden producir accidentes graves tanto para el propio operador/a del mismo, como para el personal de su entorno. Por ello, es imprescindible adoptar una serie de medidas preventivas frente a dichos riesgos y cumplir unas normas de seguridad en su instalación y durante su manejo, entre las que cabe destacar:

- Al elegir el emplazamiento se ha de considerar que no sea una zona de paso; es decir, no se debe instalar en la vertical de los accesos a la obra.
- El arriostramiento se realizará conforme al manual de instrucciones de la empresa fabricante y empleando los elementos de sujeción indicados.

Figura 8.
Contrapeso inadecuado del maquinillo.

- En el nivel inferior de la zona de carga y descarga se establecerá un área convenientemente protegida y señalizada de manera que se impida el acceso a la misma.
- Durante las operaciones de movimiento de las cargas se vigilará que el recorrido de las mismas esté libre de obstáculos.
- El/la operador/a deberá utilizar, en función de las características del puesto de trabajo, un cinturón de retención anclado a un punto fijo y resistente distinto del propio cabrestante o un sistema anticaídas.

Ejemplo

Cuando sea necesario retirar la protección perimetral para llevar a cabo el aporte o, en su caso, la retirada de materiales, la persona debe utilizar un equipo de protección individual contra las caídas desde altura sujeto a un punto fuerte independiente del maquinillo. Al finalizar cada una de dichas maniobras se ha de reponer la protección colectiva.

Bajo ningún concepto el punto de sujeción del arnés anticaídas o, en su caso, del cinturón de retención será el propio maquinillo.

Figura 9.
Actuación incorrecta: el sistema anticaídas se ha anclado al trípode del maquinillo

Amplía información sobre "Cabrestante mecánico (maquinillo)" viendo el siguiente vídeo: https://bit.ly/3wMaAhN

4.2 Montacargas

El montacargas es un equipo de trabajo que se utiliza en las obras de construcción para el transporte vertical de cargas (subir y bajar materiales).

Los montacargas utilizados en obra, por lo general, constan de una estructura metálica con una o dos guías rígidas verticales que se arriostran a la estructura de la construcción y una plataforma que se desliza por ellas mediante una sistema de poleas, cables de acero y grupo motor con tambor de arrollamiento. Dicha plataforma se puede detener en las diferentes plantas de la obra.

Cabe diferenciar los siguientes tipos de montacargas:

- De cremallera.
- De cabrestante.
- De andamio, ideado para ser fijado a la estructura tubular del citado andamio y para ser montado de manera manual.

Amplía información sobre "Montacargas" viendo el siguiente vídeo: https://bit.ly/3i991Gz

Figura 10.
Montacargas de cremallera monomástil

En relación con los montacargas, cabe señalar las siguientes condiciones de instalación y utilización:

- Las personas no deberán subir o bajar en el montacargas (la prohibición tiene que estar convenientemente señalizada). A tal fin, se utilizarán ascensores concebidos para el transporte de personas y cargas.
- Las zonas de desembarco del montacargas en cada parada estarán adecuadamente protegidas con elementos que mantengan el hueco cerrado, mientras la plataforma no se encuentre enrasada en dicha parada. Estos elementos impedirán el desplazamiento de la plataforma, si alguno de los mismos estuviera abierto.
- En la parte inferior de la plataforma deberá instalarse un detector de obstáculos conectado a un dispositivo que detenga el desplazamiento de la misma cuando desciende, con el fin de evitar atrapamientos.
- Debe llevar rotulada la carga máxima de utilización.
- En la zona inferior donde se asienta la base de su estructura deberá instalarse una protección perimetral convenientemente señalizada.
- Las puertas de acceso a la plataforma estarán dotadas, al menos, de enclavamiento eléctrico y bloqueo mecánico, de tal manera que el movimiento de la citada plataforma implique que la puerta está cerrada, y que no se puede abrir hasta que la referida plataforma no esté en su posición correcta.

4.3 Manipuladora telescópica y carretilla elevadora

La **manipuladora telescópica** es una máquina con una pluma de elevación telescópica unida a un brazo en cuyo extremo se pueden incorporar diferentes equipos intercambiables, como pinzas portapalés, gancho o cabrestante para la elevación de cargas suspendidas, cazo para el movimiento de tierras o la carga de áridos, e incluso plataforma de trabajo para la elevación de personal (si así lo establece la empresa fabricante del mismo).

Figura 11.
Manipuladora telescópica

Se define la **carretilla elevadora** como una máquina autopropulsada que se desplaza por el suelo, destinada a recoger, transportar y elevar cargas paletizadas sobre un mástil. Pueden ser de motor eléctrico o de explosión (gasolina, gasoil o gases licuados del petróleo –GLP-); este último grupo ha de emplearse en exteriores o en zonas ventiladas. En la parte delantera de la máquina se encuentra el mástil con las horquillas de sustentación y elevación de la carga, en la parte central se ubica el puesto de conducción y en la parte posterior se sitúan el contrapeso y el motor.

Figura 12.
Carretilla elevadora

Durante la utilización de la carretilla elevadora y la manipuladora telescópica, han de tenerse en cuenta, entre otras, las siguientes medidas preventivas:

- La llave de contacto debe estar solo en posesión del operador autorizado que la retirará al abandonar el equipo de trabajo.
- Estos equipos han de estar dotados de cinturón de seguridad, espejos retrovisores, rotativo luminoso de localización, señalización acústica de marcha atrás y extintor.
- Es conveniente realizar una inspección diaria, controlando el buen funcionamiento de los sistemas hidráulicos, frenos, dirección, luces, bocina, neumáticos, etc. Cabe recordar que las reparaciones deben ser realizadas por personal capacitado y autorizado.
- No se ha de circular con la carga ni con las horquillas vacías levantadas.
- No se debe superar la capacidad indicada en el diagrama de cargas.
- Se ha de comprobar la estabilidad de la carga antes de moverla; esta tiene que colocarse lo más cerca posible de la portahorquillas.
- El repostaje se ha de realizar en áreas ventiladas y no se ha de fumar durante este proceso.
- Se ha de evitar circular cerca de los bordes de excavaciones, zanjas, taludes, desniveles, etc. Debe mantenerse una distancia de seguridad de, al menos, 2 m.
- Cuando se transite por zonas accidentadas o con barro, se ha de reducir la velocidad de circulación.
- Se han de usar los estabilizadores, en el caso de que la máquina los tuviera.
- No se ha de elevar la carga con una sola horquilla.

Recuerda

Los equipos de trabajo para la elevación y el transporte de cargas serán manejados por personal cualificado y autorizado que hayan recibido una formación adecuada y suficiente.

5. MOTOVOLQUETE O MINI-*DUMPER*

El motovolquete es un vehículo de pequeño formato de uso común en las obras de construcción, especialmente en edificación, urbanizaciones, etc., para transportar diversos materiales, tales como: tierras, áridos, escombros, sacos, material suelto no paletizado (madera, ladrillos, bloques de hormigón, etc.), herramientas y útiles de trabajo, elementos de señalización vertical, incluso mortero y hormigón.

Con respecto a este equipo de trabajo, cabe indicar las siguientes condiciones de utilización:

- Se han de respetar las señales de circulación vial.
- Cuando el conductor abandone la máquina, esta debe quedar calzada y con una marcha engranada contraria al sentido de la pendiente.
- Antes de iniciar el trabajo se ha de comprobar el estado de los frenos y que la presión de los neumáticos es la recomendada por la empresa fabricante.

- No se ha de sobrepasar, en ningún caso, la carga máxima prevista por el fabricante. En este sentido, debe disponer de una placa identificativa de dicha carga máxima. Si se usa para el transporte de mortero o de hormigón llevará una marca en el interior del cubilote que indique el nivel de llenado máximo.
- Se ha de evitar el transporte de piezas que sobresalgan lateralmente del cubilote del motovolquete (puntales, tablones, tableros, etc.) o de materiales voluminosos que impidan la visibilidad frontal desde el puesto de conducción.
- Se debe evitar sobrepasar los 20 km por hora, efectuar giros a velocidad elevada y frenar bruscamente.
- Se ha de circular marcha atrás durante el descenso de pendientes con carga.
- Al efectuar la descarga en vertedero, y una vez frenado el vehículo con el freno de mano, el conductor se bajará y accionará el cubilote de forma que, en caso de vuelco, no le afecte.
- El/la operador/a tiene que utilizar el cinturón de seguridad del que debe estar provisto el puesto de conducción.

Figura 13.
Utilización inadecuada del motovolquete

No se deben transportar personas, a menos que disponga de un asiento habilitado para este fin y tal circunstancia esté prevista por la empresa fabricante.

Recuerda

Los dispositivos de seguridad dispuestos por la empresa fabricante deben permanecer inalterables (cabina o pórtico de seguridad, rotativo luminoso, señal acústica de marcha atrás, espejos retrovisores, etc.).

Amplía información sobre "Motovolquete" viendo el siguiente vídeo: https://bit.ly/3pkeQ5X

6. PLATAFORMAS VOLADAS PARA LA CARGA Y DESCARGA DE MATERIALES

Las plataformas de carga y descarga de materiales están constituidas, básicamente, por una estructura metálica resistente que se instala en "voladizo" en los bordes de las plantas de los edificios, fijadas a su propia estructura -normalmente mediante puntales metálicos- y dotadas de pasamanos, protección intermedia y rodapié.

Su utilización resulta necesaria cuando se precisa situar, mediante grúa, cargas paletizadas o de otro tipo en las plantas de una estructura, a lo largo del perímetro del edificio o a través de otros huecos, para su posterior distribución por el interior de las mismas.

La plataforma debe estar diseñada y fabricada para que, estructuralmente, tenga la solidez y rigidez adecuadas, permitiendo que se sostenga en voladizo.

Ello puede garantizarse mediante el cumplimiento de la norma UNE 180401 por la que se establecen los requisitos y métodos de ensayo para el diseño de plataformas voladas de carga y descarga de material para obras de construcción, con o sin trampilla.

Las plataformas voladas se pueden clasificar, según recoge dicha norma técnica, en función de su configuración en:

- **Fijas**. Se caracterizan porque la superficie para la descarga de materiales está construida por una única chapa soldada a los largueros principales, a los travesaños y a los largueros secundarios.
- **Con trampilla abatible**. Se caracterizan porque la zona destinada a la descarga tiene una trampilla basculante que, al levantarla, permite el paso del cable del equipo de elevación.
- **Retráctiles**. Se caracterizan porque la zona destinada a la descarga se puede deslizar hacia atrás.

Entre los requisitos mínimos de instalación, uso y mantenimiento cabe indicar:

- El montaje y el desmontaje se realizarán conforme al manual de instrucciones de la empresa fabricante.
- Se dispondrá de los correspondientes medios de protección colectiva en todo su perímetro.
- Se realizará un mantenimiento correcto del conjunto.
- Se utilizarán los sistemas de fijación adecuados y se instalarán conforme a lo indicado por el fabricante. Para fijar la plataforma al forjado, no se emplearán sistemas improvisados (contrapesos) en lugar de apuntalamientos. Los puntales no se apoyarán sobre puntos débiles del forjado (por ejemplo, bovedillas).
- No se instalarán hasta que el forjado haya fraguado y adquirido la resistencia suficiente.

Amplía información sobre "Plataforma de carga. Características, uso, y medidas preventivas" viendo el siguiente vídeo: https://bit.ly/3i9cipw

Figura 14.
Plataforma volada fija

7. CONDUCTOS PARA EL VERTIDO DE ESCOMBROS

Es un medio auxiliar que se emplea para la evacuación en vertical de escombros, formado por un conducto compuesto por varios módulos de plástico encajados que se ancla a la estructura del edificio. Ha de montarse de manera que los módulos que disponen de una embocadura se sitúen a la altura correcta para permitir el vertido directo desde cada planta de la construcción o edificio.

El tramo inferior del conducto ha de tener menor pendiente que el resto, con la finalidad de reducir la velocidad de los escombros evacuados y evitar la proyección de los mismos fuera del contenedor.

Las personas que efectúen las operaciones de montaje y desmontaje de los conductos utilizarán un sistema anticaídas anclado a un punto fijo, al objeto de protegerse frente al riesgo de caída desde los bordes exteriores o, en su caso, a través de los huecos interiores de los forjados en los cuales se ubican dichos conductos.

El montaje se realizará de acuerdo a las instrucciones de la empresa fabricante o suministrados/a.

En las inmediaciones de las bocas de descarga se instalarán las correspondientes medidas de protección colectiva (barandillas o redes).

Con el fin de reducir el polvo que se genera en el proceso, los escombros se humedecerán y se dispondrá de una lona que rodee el contenedor de recogida, para evitar la dispersión del citado polvo.

8. HORMIGONERA (PASTERA)

Se utiliza para la fabricación de pastas, morteros y hormigones mediante el mezclado de áridos, cemento y agua. Está compuesta de un chasis y un recipiente cilíndrico en el que se realiza el amasado y que gira por la fuerza transmitida por un motor eléctrico o de combustión (gasolina o gasoil).

Básicamente, está constituida por:

1. Lanza
2. Volante.
3. Cuba.
4. Corona (protegida con carcasa).
5. Resguardo del motor.
6. Ruedas.
7. Chasis.
8. Piñón.

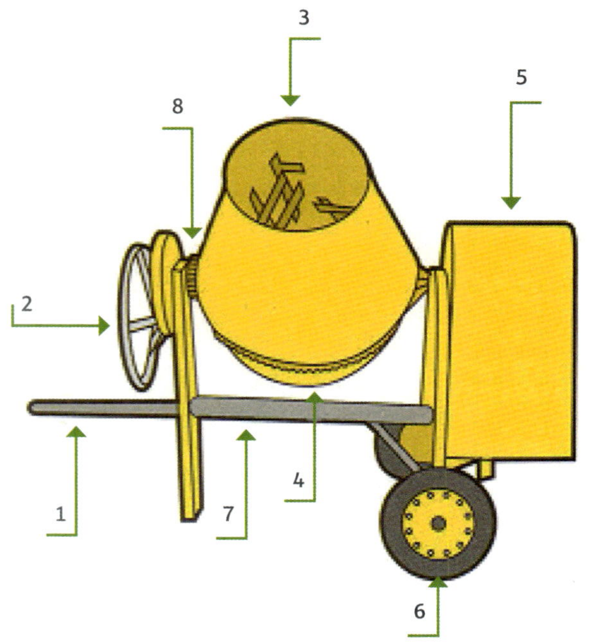

Figura 15.
Hormigonera (pastera).
Fuente: Guía para la verificación de maquinaria: adquisición, utilización y mantenimiento. FLC-FPRL

Entre las medidas preventivas que hay que tener en cuenta durante la utilización de la pastera cabe mencionar:

- Si la hormigonera es de motor de combustión, se ha de situar en una zona ventilada.
- La botonera de mandos de la hormigonera eléctrica será estanco. Los elementos metálicos de la máquina estarán conectados a un conductor de protección (toma de tierra) asociado a un dispositivo de corte por intensidad de defecto (interruptor diferencial).
- El interior del bombo se ha de limpiar con la máquina parada y, en su caso, desconectada de la red eléctrica.
- Los órganos de transmisión (correas y engranajes) así como la corona y el piñón estarán protegidos mediante carcasas o resguardos adecuados.
- La persona encargada de su manejo ha de usar ropa de trabajo adecuada; es decir, que no tenga holguras que puedan causar atrapamientos con las partes móviles.
- Para evitar movimientos descontrolados y sobreesfuerzos la hormigonera ha de estar dotada de freno de basculamiento del bombo.
- El nivel de ruido emitido por el equipo lo debe indicar el fabricante en las especificaciones técnicas del mismo. En función de ese dato, puede ser precisa la utilización de protectores auditivos adecuados

9. SIERRA DE DISCO SOBRE MESA

Pueden diferenciarse los siguientes tipos: para madera y para material cerámico y pétreo.

9.1 Madera

De uso común en las obras de construcción, en particular por las personas que realicen actividades de carpintería y encofrado, para cortar tabloncillos, tablones, tableros y listones.

La sierra circular utilizada, con carácter general, en la construcción está compuesta de una mesa fija, un motor y un eje portaherramienta. La transmisión puede ser por correa, en cuyo caso la altura del disco sobre el tablero es regulable a voluntad; o directamente del motor al disco, en cuyo caso este es fijo.

1. Patas desmontables.
2. Barras de transporte.
3. Conector
4. Soporte guía.
5. Regla.
6. Protector.
7. Disco de corte.
8. Cuchillo divisor.
9. Motor freno.
10. Salida de viruta.

Figura 16.
Sierra de mesa para madera.
Fuente: Guía para la verificación de la maquinaria: adquisición, utilización y mantenimiento. FLC-FPRL

9.2 Material cerámico y pétreo (vía húmeda)

La mesa de sierra para cortar material cerámico y pétreo, también llamada "cortadora de agua", es un equipo ligero compuesto, básicamente, por: mesa, carro portapiezas, soporte regulable donde se ubica el motor y el disco de corte.

El disco de corte es accionado por un motor eléctrico y refrigerado por el agua que impulsa una pequeña bomba, también eléctrica, en circuito cerrado.

Figura 17.
Sierra de mesa para material cerámico y pétreo (vía húmeda)

En relación con la utilización de la sierra de disco sobre mesa, cabe destacar las siguientes medidas preventivas:

- Se ha de restringir el uso de estos equipos de trabajo, autorizándose únicamente a personas formadas.
- El tipo de disco ha de ser adecuado al material que se ha de cortar (madera, cerámica, hormigón, etc.). La sierra para material cerámico no se ha de utilizar para el corte de madera, metal o similares. Asimismo, la sierra para madera no puede usarse para el corte de material cerámico, pétreo o metal.
- En el caso de la sierra para cortar madera, esta debe estar libre de clavos y cuerpos extraños.
- Se sustituirán los discos que se encuentren deteriorados (fisuras, dientes rotos, etc.) o gastados.
- El equipo estará desconectado de la red eléctrica cuando se:
  - Desplace.
  - Realicen operaciones de reparación o tareas de mantenimiento.
  - Cambien los discos de corte.
- Todos sus elementos metálicos estarán conectados a un conductor de protección (toma de tierra) asociado a un dispositivo de corte por intensidad de defecto (interruptor diferencial).
- El equipo se ubicará, preferentemente, en lugares ventilados, delimitados y alejados de las zonas de tránsito de personas y vehículos.
- Estará provista de carcasa cubredisco y protección de los órganos móviles (correas, poleas, etc.).
- Se utilizará con todos los elementos que aporte la empresa fabricante (guías, empujador, etc.).

Figura 18.
Utilización de guías para el corte de las piezas de madera

Figura 19.
Utilización del empujador suministrado por la empresa fabricante para el corte de piezas pequeñas de madera

10. GENERADOR DE ENERGÍA ELÉCTRICA (GRUPO ELECTRÓGENO)

Es un equipo autónomo alimentado con un motor de combustión (gasoil o gasolina) que se utiliza para producir energía eléctrica en aquellas obras o puntos en los cuales no se puede acceder a la red general. Según las necesidades (potencia a suministrar, equipos a alimentar...), las características y las condiciones del trabajo o de las tareas a realizar, es preciso seleccionar el equipo más adecuado. En el mercado se dispone de una gran variedad de modelos, tipos, tamaños o configuraciones de este equipo de trabajo.

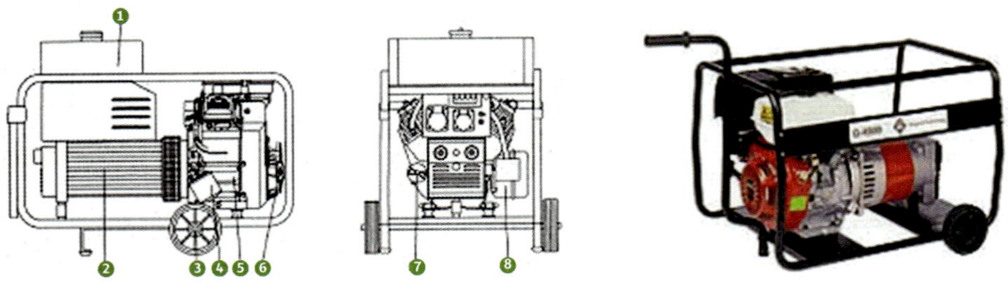

1. Depósito de combustible.
2. Alternador.
3. Equipo de rodadura.
4. Filtro de aire.
5. Motor.
6. Arrancador manual.
7. Motor de arranque.
8. Escape.

Figura 20.
Grupo electrógeno. Fuente: Guía para la verificación de la maquinaria: adquisición, utilización y mantenimiento. FLC-FPRL

Este equipo únicamente debe ser manipulado por personas formadas y autorizadas por el/la empresario/a.

Antes de utilizar un grupo electrógeno deben tenerse en cuenta, entre otras, las recomendaciones y comprobaciones que se indican a continuación:

- Han de verificarse los niveles (aceite de motor, carburante, refrigerante, etc.) y comprobar que no haya escapes de carburante ni de aceite.
- El relleno del carburante tiene que realizarse con el motor desconectado y enfriado y en una zona ventilada. Estará prohibido fumar durante la ejecución de estas operaciones. Al finalizar la operación, ha de eliminarse todo vestigio de carburante derramado.
- El carburante debe almacenarse en un recipiente apropiado y apartado de cualquier fuente de calor e ignición.
- Tiene que comprobarse que el grupo dispone de toma de tierra y que está correctamente conectado a la puesta a tierra.
- Si el equipo se va a utilizar a la intemperie, es preciso que esté protegido de la lluvia. Ha de instalarse en un lugar apropiado donde la humedad y el polvo le afecten lo menos posible.

Asimismo, se han de observar las siguientes condiciones de uso y mantenimiento:

- Antes de parar el motor deben retirarse todos los aparatos conectados a sus bases de salida.
- No debe instalarse en lugares cerrados. En este sentido, ha de asegurarse que la zona donde se instale el grupo esté bien ventilada.
- Deben observarse las instrucciones de la empresa fabricante o suministrador/a y cumplir el programa de mantenimiento.

11. COMPRESOR

Es un equipo que proporciona un caudal de aire a presión. Se utiliza, generalmente, para accionar martillos neumáticos, perforadores, etc. Pueden distinguirse, en función de su fuente de energía, dos tipos: de motor de combustión (gasoil o gasolina) y eléctricos.

Básicamente, este equipo se compone, según el tipo, de: chasis o armazón, capó o resguardos, motor, compresor, calderín y regulador automático de presión. Los equipos móviles disponen, además, de ruedas, pie de apoyo y lanza para su enganche al vehículo que lo traslade.

Entre las condiciones de seguridad aplicables a este tipo de equipo de trabajo, cabe mencionar las siguientes:

- Tiene que verificarse el buen estado de funcionamiento de los diferentes órganos de mando y de control, así como de su identificación (pictogramas, marcados, etc.).
- La puesta en marcha debe obedecer a una acción voluntaria del operador sobre el órgano de accionamiento dispuesto a tal fin, mediante llave, o llave y pulsador encastrado.
- Deben disponer de un resguardo fijo como protección de los elementos móviles de transmisión (correas, engranajes, etc.) o de una carcasa cerrada con llave.
- En el caso de que las carcasas o los capós sean abatibles, han de disponer de un sistema de sujeción que impida su caída de forma accidental.
- Las partes expuestas de las superficies calientes han de estar protegidas con aislantes térmicos o resguardos fijos.
- Las piezas del equipo bajo tensión eléctrica deben estar protegidas contra contactos directos (por ejemplo, las baterías tendrán protegidos los bornes). Dichas baterías se ubicarán en zonas protegidas destinadas para tal fin y provistas de sus correspondientes mordazas y amarres.
- De conformidad con el Reglamento de Aparatos a Presión, tienen que realizarse las verificaciones periódicas reglamentarias.
- Deben respetarse las condiciones de utilización de estos equipos conforme a las instrucciones de la empresa fabricante.
- El compresor de motor de combustión (gasoil o gasolina) se ha de ubicar en lugares que dispongan de una adecuada ventilación. Asimismo, se mantendrá alejado de depósitos de combustible, tuberías de gas u otras instalaciones de las cuales emanen gases o vapores inflamables que puedan ser aspirados por la toma de aire del equipo. El abastecimiento de carburante se ha de realizar con el motor parado.

Amplía información sobre "Guía preventiva interactiva sobre maquinaria" consultando la siguiente guía: https://bit.ly/3zNVkDq

12. HERRAMIENTAS PORTÁTILES Y MANUALES

Las herramientas portátiles y manuales son imprescindibles para la realización de una gran variedad de trabajos en las obras de construcción. Pueden diferenciarse en dos grandes grupos:

- Aquellas cuya única fuente de energía es la fuerza humana, es decir, las **herramientas manuales.**
- Las que precisan de otras fuentes de energía (corriente eléctrica o aire comprimido), es decir, las **herramientas portátiles de accionamiento mecanizado.**

12.1 Herramientas portátiles de accionamiento mecanizado

Las herramientas portátiles (eléctricas o neumáticas), al igual que el resto de máquinas, deben disponer de: marcado CE, declaración CE de conformidad y manual de instrucciones de uso y mantenimiento.

El uso de estas máquinas-herramientas debe estar restringido a personas autorizadas, las cuales tienen que estar formadas e informadas adecuadamente tanto acerca de los riesgos derivados de su utilización, como de las medidas que deben adoptar.

Las herramientas eléctricas portátiles empleadas en las obras de construcción y, en general, utilizadas a la intemperie, deberán ser de Clase II (doble aislamiento ⧈) o de Clase III (alimentados con muy baja tensión de seguridad).

Los motores eléctricos estarán protegidos por la carcasa y los resguardos propios de cada herramienta, para evitar los riesgos de atrapamientos y de contacto con los elementos en tensión.

Cuando se encuentren averiadas, se entregarán al personal especializado para su reparación.

Las que dispongan de capacidad de corte, tendrán la sierra o el disco protegido mediante una carcasa.

Estas herramientas dispondrán de empuñadura aislante con un pulsador (la máquina se ha de parar al dejar de apretarlo).

Los cables eléctricos, conexiones, etc. se han de revisar periódicamente para comprobar que están en perfecto estado. Las conexiones eléctricas se han de realizar mediante clavijas adecuadas, evitándose los empalmes y las conexiones mediante cables pelados.

Las herramientas portátiles no se dejarán en funcionamiento cuando no se estén utilizando. Al apoyarlas sobre el suelo, mesas, etc. deben encontrarse paradas.

No se han de tocar los discos, brocas o elementos móviles después de haber sido utilizadas, ya que estarán calientes y pueden producir quemaduras.

Durante su utilización se procurará adoptar posturas ergonómicas y se usarán aquellos EPI necesarios para cada uno de los trabajos a realizar, en función de los materiales con los que se trabaje (gafas de protección, mascarilla filtrante, protectores auditivos, etc.).

Asimismo, se evitará el uso de ropa no ajustada, anillos, pulseras, etc. que pudieran quedar atrapados por las herramientas.

Figura 21.
Utilización de EPI durante el manejo de un martillo eléctrico

> **Recuerda**
> Las máquinas-herramientas han de disponer de marcado CE, declaración CE de conformidad y manual de instrucciones de uso y mantenimiento.

Amplía información sobre "Prevención de riesgos laborales en el uso de equipos manuales" viendo el siguiente vídeo: https://bit.ly/3c8EFQW

12.2 Herramientas manuales

En la construcción se manipulan infinidad de herramientas de mano (paletas, palas, martillos, alicates, tenazas, llaves, destornilladores, etc.) aplicando la fuerza humana, lo que requiere un importante esfuerzo físico.

Estas herramientas generan gran cantidad de accidentes de trabajo; accidentes que van desde los típicos sobreesfuerzos por ser utilizadas de forma no ergonómica durante un largo período de tiempo, hasta los golpes y cortes en diversas partes del cuerpo provocados por su uso.

Con el fin de evitar o, en su caso, controlar situaciones de riesgo que puedan derivarse del empleo de las herramientas manuales o portátiles es necesario adoptar medidas preventivas, entre las que cabe citar las siguientes:

- Serán de diseño seguro y adecuadas para el trabajo a ejecutar.
- Es preciso conservarlas en buen estado. Para ello, debe realizarse, periódicamente, un mantenimiento adecuado. Igualmente, han de guardarse en posición segura, en los lugares indicados .
- No deben utilizarse para tareas no previstas (por ejemplo, usar un destornillador como palanca, unas tijeras como punzón, un alicate como llave de tuerca, una alcotana como martillo, etc.).
- Para su manejo seguro deben usarse los equipos de protección individual que, en caso necesario, se hayan establecido.

Es preciso utilizar protectores oculares durante el uso de la alcotana.

Figura 22.
Apertura de rozas en un tabique mediante el uso de la alcotana

Recuerda

Para la correcta y segura utilización de cualquier herramienta manual, se deben seguir las cuatro reglas de seguridad siguientes:

1. Seleccionar la herramienta correcta para el trabajo que se vaya a realizar.
2. Mantenerla en buen estado.
3. Usarla correctamente.
4. Guardarla en un lugar seguro después de su utilización.

RESUMEN

Los equipos de trabajo no deben emplearse de forma, en operaciones o en condiciones contraindicadas por la empresa fabricante. Tampoco podrán utilizarse sin los elementos de protección previstos para la realización de la operación de la que se trate en condiciones de seguridad y dejarán de utilizarse si se producen deterioros, averías u otras circunstancias que comprometan la seguridad de su funcionamiento.

El manual de instrucciones proporcionado por la empresa fabricante del equipo de trabajo deberá estar a disposición de quienes lo utilicen o intervengan en las operaciones para su mantenimiento y reparación.

Cuando sea precisa la utilización de un equipo de trabajo específicamente diseñado para la realización de los trabajos temporales en altura (plataformas elevadoras móviles de personal, andamios, técnicas de acceso y de posicionamiento mediante cuerdas, etc.), debe seleccionarse el más adecuado a la naturaleza del trabajo y a las dificultades previsibles, de forma que el acceso y la permanencia de los trabajadores no suponga un riesgo para su seguridad y salud.

Las operaciones de montaje, modificación sustancial y desmontaje de los andamios serán realizadas siempre por trabajadores/as que hayan recibido una formación adecuada.

Las personas trabajadoras que utilicen las técnicas de acceso y de posicionamiento mediante cuerdas tienen que poseer una información y formación adecuada y específica para las operaciones previstas.

Los equipos de trabajo para la elevación y el transporte de cargas serán manejados por personas cualificadas y autorizadas que hayan recibido una formación adecuada y suficiente. No se debe superar la capacidad indicada en el diagrama de cargas.

La conducción de equipos de trabajo automotores estará reservada a los trabajadores y las trabajadoras que hayan recibido una formación específica para ello. Los dispositivos de seguridad dispuestos por el fabricante deben permanecer inalterables (cabina o pórtico de seguridad, rotativo luminoso, señal acústica de marcha atrás, espejos retrovisores, etc.).

Las máquinas-herramientas han de disponer de marcado CE, declaración CE de conformidad y manual de instrucciones de uso y mantenimiento.

Para la correcta y segura utilización de cualquier herramienta manual se deben seguir las cuatro reglas de seguridad siguientes:

1. Seleccionar la herramienta correcta para el trabajo que se vaya a realizar.
2. Mantenerla en buen estado.
3. Usarla correctamente.
4. Guardarla en un lugar seguro después de su utilización.

UD3 Verificación, identificación y vigilancia del lugar de trabajo y su entorno

Contenido

1. RIESGOS

Los trabajos de construcción entrañan gran cantidad y variedad de riesgos entre los que destacan, fundamentalmente, los derivados de la ejecución de trabajos en altura y del movimiento de cargas suspendidas, tales como: caídas de personas desde altura así como de materiales y objetos desprendidos.

Otros riesgos frecuentes durante la realización de estos trabajos son: caídas de personas al mismo nivel, quedar atrapado, choques o golpes contra objetos en movimiento y pisadas sobre objetos.

Además, se presentan riesgos de electrocución generados por la utilización de equipos eléctricos; de incendio y explosión por la presencia de materiales inflamables y combustibles; higiénicos por la exposición al polvo, el ruido, las vibraciones y las radiaciones y por el contacto con productos químicos; así como ergonómicos, motivados por la manipulación manual de cargas y la adopción de posturas forzadas.

1.1 Caídas de personas desde altura

El riesgo para la seguridad y salud más significativo asociado a la construcción es el de caída desde altura, dado que está presente en muchas de las tareas que se realizan.

Este riesgo se manifiesta por la presencia de personas en las proximidades de las zonas en las que existen diferencias de nivel o de cota (bordes de forjados, losas, cubiertas y excavaciones, huecos horizontales, huecos practicados en las fachadas, etc.), así como por la realización de trabajos en altura mediante el uso de andamios, torres de trabajo, plataformas elevadoras y escaleras, entre otros equipos de trabajo.

Figura 1.
Riesgo de caída desde altura

Frente a este riesgo es necesario: elegir los equipos y procedimientos de trabajo adecuados, formar e informar adecuadamente a las personas trabajadoras y adoptar medidas preventivas adicionales o complementarias, como la instalación de sistemas provisionales de protección de borde (barandillas) y redes de seguridad y la utilización de equipos de protección individual anticaídas, con el fin de evitar o minimizar la posibilidad de que se sufra un daño grave.

RESPETA EN TODO MOMENTO LAS PROTECCIONES COLECTIVAS FRENTE A LAS CAÍDAS DESDE ALTURA INSTALADAS EN LOS DESNIVELES DE LA OBRA Y EN LOS ANDAMIOS Y PLATAFORMAS DE TRABAJO.

1.2 Caídas de personas al mismo nivel y pisadas sobre objetos

El riesgo de caída de personas al mismo nivel suele originarse por la existencia de superficies de tránsito irregulares o deslizantes.

Además, el deficiente orden y la falta de limpieza en el lugar de trabajo (existencia de escombros o de restos de embalajes que se depositan en el suelo, vertido accidental de líquidos, etc.) puede ser también causa de este riesgo.

Las medidas preventivas que se han de adoptar frente a este riesgo estarán encaminadas a la adecuación de las superficies de trabajo y de tránsito irregulares o deslizantes.

Tablero con travesaños con el fin de evitar resbalones en la rampa de acceso a la obra. Además, los/las trabajadores/as deben usar calzado adecuado con suela antideslizante.

Figura 2.
Acceso al edificio en construcción

Asimismo, se requiere el mantenimiento del lugar de trabajo en adecuadas condiciones de orden y limpieza, con el fin de evitar las caídas y las consecuencias de las pisadas sobre objetos (cortes, pinchazos, esguinces o torceduras).

1.3 Choques y golpes contra objetos

Las actuaciones preventivas generales que hay que tener en cuenta frente a este riesgo son, entre otras:

- Acotar y señalizar los elementos constructivos que puedan motivar lesiones.
- En caso necesario, revestir o cubrir los elementos con dispositivos que eviten el contacto directo de los/las trabajadores/as con los mismos (por ejemplo: coquillas o revestimientos almohadillados en los soportes de una marquesina o en las vigas de cuelgue bajas, setas de protección en los extremos de las esperas de ferralla, etc.).
- Establecer áreas específicas para la ubicación, tanto de los equipos de trabajo (por ejemplo, mesa de corte, hormigonera, etc.) como de los acopios de material, de forma que no interfieran con las zonas de paso o de trabajo.

1.4 Caída de objetos y materiales

Este riesgo puede derivarse de:

- La elevación y los movimientos de cargas (por ejemplo, grúas, cabrestantes, etc.).
- La realización de trabajos en altura, debido al manejo de materiales y herramientas.

Las medidas preventivas que se han de adoptar para eliminar o reducir y controlar este riesgo estarán dirigidas, en primer lugar, a situar los objetos de forma ordenada, estable y alejados de los bordes del lugar de trabajo y, de forma complementaria, a instalar rodapiés en aquellos lugares que así lo requieran.

Por otra parte, se deberán acotar y señalizar las áreas afectadas por una posible caída de objetos o materiales desde altura.

Figura 3.
Protección perimetral del borde del hueco de escalera frente a la caída de personas (barandillas) y de objetos (rodapié)

Recuerda

No te sitúes ni permanezcas bajo las cargas suspendidas ni dentro del radio de acción de los aparatos elevadores.

1.5 Derrumbamiento o desplome

Durante la ejecución de las estructuras, los cerramientos y la tabiquería, entre otros elementos constructivos, debe tenerse en cuenta el riesgo de derrumbamiento como consecuencia de un fallo estructural o la pérdida de estabilidad, por ejemplo, debido a la falta de resistencia de los elementos de encofrado y de apuntalamiento, el vuelco de un tabique recién levantado por la acción del viento o por una colisión violenta, o el hundimiento de una losa, forjado o tablero por el acopio excesivo de materiales.

Asimismo, el riesgo de derrumbamiento de las paredes de una excavación puede manifestarse durante la ejecución de determinadas operaciones de movimientos de tierras que conllevan la formación de cortes o taludes inestables en el terreno, así como durante la excavación de túneles y galerías subterráneas.

Para controlar el riesgo de **desplome de los elementos constructivos** se deben considerar, entre otras, las siguientes medidas preventivas:

- Los sistemas de encofrado y de apuntalamiento se han de seleccionar en función de las características del elemento de hormigón armado que se vaya a construir y las cargas que han de soportar, optando, además, por aquellos que ofrezcan una mayor seguridad en los procesos de montaje y de desmontaje.
- Las estructuras metálicas, los encofrados y los elementos de apuntalamiento han de ser montados y, en su caso, desmontados por personal especializado que cuente con la formación adecuada. Estas operaciones se han de llevar a cabo siguiendo un procedimiento de trabajo seguro previamente planificado.
- Los trabajos y los acopios se han de planificar de tal forma que se evite la sobrecarga de los elementos estructurales y, en su caso, de los provisionales de apuntalamiento.

No se han adoptado medidas de protección colectiva (sistemas provisionales de protección de borde).

Las tejas y otros materiales de cubrición han de ser repartidos por los faldones de la cubierta de manera que su estabilidad esté garantizada y las sobrecargas no excedan el peso admisible.

Figura 4.
Ejecución de un tejado

- Durante la elevación de cargas o elementos pesados, se ha de procurar no golpear los encofrados, apuntalamientos, tabiques, etc. Las grandes cargas suspendidas se guiarán mediante cuerdas o cabos.
- Los trabajos se han de suspender cuando las condiciones meteorológicas adversas –viento fuerte, lluvia intensa– puedan suponer un peligro para la seguridad de los trabajadores.
- No se ha de abandonar ningún tajo sin dejar fijos todos los elementos estructurales metálicos, de encofrado y apuntalamiento así como los materiales de la cubierta.

En cuanto al riesgo de **derrumbamiento de tierras**, se han de adoptar, entre otras, las siguientes medidas de prevención y de protección:

- No sobrecargar la coronación de las excavaciones con acopios de tierras o de materiales.
- Evitar la circulación de maquinaria pesada en las proximidades de la excavación.
- Cuidar la ejecución de los taludes de la excavación de forma que tengan la pendiente adecuada (definidas en el proyecto). Periódicamente y, en especial, después de períodos de lluvias, heladas o calor extremo, revisar los taludes y, en su caso, sanear las zonas inestables susceptibles de sufrir desprendimientos.
- Sostener los cortes del terreno en los que exista riesgo de desprendimiento (por ejemplo, la entibación de zanjas o la estabilización de taludes mediante gunitado u otro sistema eficaz).

Figura 5.
Entibación de la zanja

NO ACCEDAS A LAS ZONAS DE MOVIMIENTO DE TIERRAS SIN AUTORIZACIÓN Y SIN COMPROBAR QUE SE HAN TOMADO LAS MEDIDAS OPORTUNAS PARA EL CONTROL DE LOS RIESGOS POR DERRUMBAMIENTO.

1.6 Contacto eléctrico

El mal uso o el estado defectuoso de algún componente en tensión de las máquinas y herramientas eléctricas, como un cable sin protección aislante, puede ser el origen de una descarga eléctrica. Frente al riesgo de contacto eléctrico, algunas de las actuaciones preventivas que se han de considerar para garantizar el correcto aislamiento de los componentes activos que forman parte de la instalación eléctrica de la obra son:

- Proteger la citada instalación de las agresiones mecánicas (por ejemplo, mediante la cubrición resistente de las mangueras, el cierre eficaz de los cuadros eléctricos, etc.).
- Controlar periódicamente el estado de aislamiento de los componentes de la instalación y corregir los defectos que se detecten (mangueras o clavijas de conexión deterioradas, cuadros eléctricos sin protección, etc.).
- Utilizar correctamente las instalaciones y los equipos eléctricos.

Las conexiones eléctricas de las herramientas se realizarán mediante clavijas adecuadas. Asimismo, se deben evitar los empalmes o las conexiones con cables pelados.

Figura 6.
Base de enchufes inadecuada para la realización de trabajos a la intemperie o en zonas húmedas

Los cables eléctricos no deben situarse sobre elementos punzantes, aristas o zonas de tránsito, ya que su aislamiento puede deteriorarse.

El cableado y sus conexiones tienen que ser inspeccionados periódicamente y proceder a la sustitución de aquellos elementos que presenten desgaste o deterioro.

Figura 7.
Conexiones eléctricas deterioradas

Los cuadros destinados a la alimentación de los equipos y herramientas eléctricas deben disponer de cerradura y señalización de la existencia de riesgo eléctrico.

Figura 8.
Cuadro eléctrico o conjunto de aparamenta de baja tensión para obra

Amplía información sobre "Riesgo eléctrico" viendo el siguiente vídeo: https://bit.ly/3vKH6AO

NO MANIPULES LAS INSTALACIONES ELÉCTRICAS; SU MANTENIMIENTO ES COMPETENCIA EXCLUSIVA DEL PERSONAL ELECTRICISTA AUTORIZADO.

1.7 Incendio o explosión

En la obra hay que tener en cuenta las siguientes normas básicas para la prevención de incendios y explosiones:

- Mantener limpio el lugar de trabajo, retirando los restos de embalaje y eliminando los derrames de combustible.
- No utilizar equipos que generen chispas o material incandescente, como la sierra de corte y los equipos de soldadura, cerca de materiales que puedan arder o explosionar.
- No hacer fuego en la obra y fumar solo en las zonas autorizadas.

EN EL CASO DE QUE DETECTES UN INCENDIO: MANTÉN LA CALMA, ACTÚA CON RAPIDEZ Y COMUNICA LA SITUACIÓN A LOS MANDOS O AL EQUIPO DE EMERGENCIAS.

1.8 Manipulación manual de cargas y adopción de posturas forzadas

La **fatiga física** se produce como consecuencia directa de una excesiva actividad física derivada, por ejemplo, de la inadecuada manipulación manual de cargas (por exceso de carga o por manipularla en condiciones ergonómicas desfavorables), de la ejecución de trabajos en posturas forzadas o inadecuadas (de rodillas, en cuclillas, con el tronco flexionado...), etc.

Por otra parte, la mencionada fatiga física se caracteriza por una disminución del ritmo de la actividad del trabajador/a, un mayor cansancio y la ejecución de movimientos torpes e inseguros. Como consecuencia de ello, **se incrementa el riesgo de accidente**.

Figura 9.
Manipulación manual de cargas y adopción de posturas forzadas durante la elaboración de mortero

Frente a los riesgos derivados de la carga física de trabajo se deben considerar, con carácter general, las siguientes medidas:

- Siempre que sea posible, se evitarán las tareas que conlleven la manipulación manual de cargas mediante la automatización o la mecanización de los procesos.

Ejemplo

La manipulación manual de las cargas tratará de evitarse o reducirse al mínimo, proporcionando equipos de trabajo adecuados para dicha manipulación (carretillas, transpaletas y elevadores mecánicos, entre otros).

- Se actuará sobre la organización de las tareas.

Ejemplo

En caso necesario, se organizarán grupos de trabajo para la manipulación manual de cargas de peso excesivo o de forma difícilmente manejable por una única persona.

- Siempre que sea posible, se planificarán la reducción y el rediseño de la carga.

Ejemplo

Se considerará el peso de los sacos de cemento, yeso, etc., cuando se tengan que realizar los pedidos a los/las suministradores/as.

- Se formará al personal tanto sobre los riesgos derivados de la manipulación manual de cargas, como sobre las medidas de prevención y protección que hay que adoptar.

Ejemplo

Al realizar tareas de nivelación a ras de suelo, los/las trabajadores/as tienen que situarse en cuclillas o de rodillas; por ello, es conveniente utilizar rodilleras y cuñas, con el fin de aliviar la adopción de posturas forzadas.

Amplía información sobre "Riesgos ergonómicos en el sector de la construcción: manipulación manual de cargas" viendo el siguiente vídeo: https://bit.ly/3yOuSJo

Asimismo, durante la realización de aquellas tareas que conlleven la adopción de posturas forzadas, es conveniente seguir las siguientes pautas:

- Alternar con frecuencia las tareas, con el fin de cambiar de postura.
- Tomar pausas para estirar los músculos que han estado en tensión.
- Cuidar la espalda mediante la realización de ejercicio físico y estiramientos.

Para levantar una carga flexiona las rodillas, mantén la espalda lo más recta posible y haz fuerza con los músculos de tus piernas.

Si la carga resulta muy pesada o voluminosa, no la levantes, pide ayuda y, en lo posible, utiliza medios mecánicos, tales como: carretillas o transpaletas.

1.9 Riesgos higiénicos

En la obra las personas pueden estar expuestas a otros riesgos derivados del ruido, las vibraciones, las radiaciones y los agentes químicos presentes en el ambiente.

a. Exposición al ruido

Las **medidas técnicas y de organización** destinadas a la eliminación o, en su caso, la reducción del ruido en el lugar de trabajo se han de adoptar conforme a un orden de prioridades, según el cual se actuará en:

1. La **fuente o foco productor** del ruido; por ejemplo, adquiriendo equipos de trabajo que produzcan el menor nivel posible de ruido o rediseñando los procesos de trabajo de manera que se eviten las operaciones ruidosas.
2. El **medio de transmisión**; dotando a los lugares y puestos de trabajo de los elementos apropiados para minimizar la transmisión del ruido.

Ejemplo

Aislar la fuente de emisión de ruido o la zona en la que se encuentre ubicada la misma, con el fin de reducir el ruido aéreo por medio de pantallas, cerramientos o recubrimientos con material acústicamente absorbente.

3. El **receptor** (trabajador o trabajadores afectados); mediante la utilización, como medida complementaria a las anteriores, de protectores auditivos personales y estableciendo rotaciones entre distintos puestos de trabajo, con el fin de reducir la exposición individual al ruido.

Figura 10.
Utilización de protectores auditivos individuales

Amplía información sobre "Ruido en obras de construcción" viendo el siguiente vídeo: https://bit.ly/3wDZ9bE

b. Exposición a las vibraciones

Entre las medidas preventivas que, con carácter general, tienen que considerarse frente a la exposición a las vibraciones, cabe destacar las siguientes:

- Modificar los métodos de trabajo de forma que se evite o reduzca la exposición a las vibraciones (por ejemplo, mediante la rotación entre los puestos de trabajo).
- Seleccionar equipos de trabajo que emitan menos vibraciones.
- Proporcionar medios que atenúen las vibraciones (por ejemplo, empuñaduras antivibratorias, sistemas de amortiguación, etc.).
- Ejecutar programas de mantenimiento periódico de los equipos y lugares de trabajo.

c. Exposición a las radiaciones

Con carácter general, se deben considerar las siguientes medidas preventivas frente al riesgo por exposición a las radiaciones:

- Siempre que sea posible, **alejar o apantallar la fuente emisora**.
- **Delimitar las áreas de riesgo** y señalizar las mismas.
- **Limitar los tiempos de exposición**.
- **Poner a disposición del personal los equipos de protección individual adecuados** (ropa de protección frente a las radiaciones específicas, pantallas de protección facial, etc.) y fomentar su utilización.

Figura 11.
Exposición a las radiaciones durante la realización de trabajos de soldadura por arco eléctrico

d. Exposición a los agentes químicos

En las obras de construcción los/las trabajadores/as pueden estar expuestos a agentes químicos presentes en el ambiente y que pueden constituir un riesgo para su seguridad y salud, por ejemplo: partículas procedentes del mecanizado (corte, lijado...) de elementos de madera o de materiales cerámicos o pétreos, y partículas o vapores desprendidos durante la aplicación de productos en los trabajos de pintura, aislamiento, etc.

Con carácter general, cabe indicar las siguientes medidas preventivas, por orden de prioridad:

1. **Diseñar y aplicar los procedimientos de trabajo, los controles y el uso de los equipos de trabajo y materiales** apropiados con el fin de evitar o reducir al mínimo el escape de los agentes químicos al ambiente o cualquier contacto directo con el/la trabajador/a que pueda afectar a su seguridad y salud.

Ejemplo

Sustituir un producto químico en cuya composición se identifica un agente peligroso por otro que no contenga dicho agente.

2. **Implantar sistemas de ventilación** u otros medios de protección colectiva aplicados, preferentemente, en el origen del riesgo (fuente de emisión del agente químico peligroso) **así como medidas de carácter organizativo** (establecimiento de horarios reducidos, rotación de los/las trabajadores/as, etc.).

Ejemplo

Seleccionar y adquirir equipos de lijado o pulido que dispongan de sistemas de aspiración localizada del polvo que se genera.

3. Implantar medidas dirigidas a la **utilización de los equipos de protección individual necesarios**, cuando el resto de medidas no sean suficientes para el control del riesgo.

Figura 12.
Utilización de protector respiratorio individual

Amplía información sobre "Riesgo químico" viendo el siguiente vídeo: https://bit.ly/2RTxTrs

SI TIENES QUE MANIPULAR UN PRODUCTO QUÍMICO, TEN EN CUENTA LAS RECOMENDACIONES DE SU ETIQUETADO, CONSÉRVALO EN SU ENVASE ORIGINAL Y UTILIZA CORRECTAMENTE LOS EQUIPOS DE PROTECCIÓN PERSONAL ESPECIFICADOS.

2. CONOCIMIENTO DEL ENTORNO DEL LUGAR DE TRABAJO. PLANIFICACIÓN DE LAS TAREAS DESDE UN PUNTO DE VISTA PREVENTIVO

La persona deberá revisar y verificar el estado del lugar de trabajo y de su entorno para identificar los riesgos que puedan existir.

En el caso de detectar un peligro o alguna deficiencia, el/la trabajador/a ha de **comunicarlo** a su superior jerárquico directo o de la obra para **planificar juntos la realización del trabajo** de una manera segura. Esta planificación del trabajo puede ser diferente en cada situación.

Nunca deberá iniciarse la actividad sin haberse adoptado las medidas preventivas suficientes.

Ejemplo

Figura 13.
Huecos horizontales desprotegidos en el forjado

Si no se han instalado las protecciones colectivas frente al riesgo de caída de personas desde altura, el trabajador, antes de comenzar su actividad, comunicará al encargado dicha deficiencia.

A continuación, los/las trabajadores/as y responsables de la obra tendrán que valorar juntos la situación para planificar la tarea, teniendo en cuenta las posibles alternativas:

- Instalar los medios de protección colectiva (sistemas provisionales de protección de borde y redes de seguridad) adecuados a la tarea que se va a realizar.
- Mientras se lleva a cabo la instalación de la correspondiente protección colectiva, se pospondrá la ejecución de la actividad y se propondrá la realización de otras tareas.
- Aquellos trabajos que, de manera justificada, precisen ejecutarse mientras se instala la citada protección colectiva (en el mínimo tiempo posible), se llevarán a cabo mediante la adopción de medidas alternativas de control del riesgo, como el uso de un equipo de protección individual contra caídas de altura adecuado.

2.1 Implantación de la obra

Con carácter previo a la ejecución de una obra es preciso planificar y organizar adecuadamente su implantación para reducir los riesgos que se pueden derivar de las condiciones de acceso, circulación, presencia de servicios afectados y emplazamiento de los servicios higiénico-sanitarios, acopios, talleres, almacenes y demás instalaciones auxiliares. En este sentido, se han de considerar, entre otras, las siguientes previsiones:

- Las zonas de paso del personal han de estar lo más alejadas posible de los talleres, almacenes de materiales peligrosos, etc.
- La obra tiene que disponer de un número suficiente de salidas para poder evacuarla en caso de emergencia.
- Para evitar el acceso a la obra de personal no autorizado, la misma ha de estar cerrada o delimitada y disponer de la señalización que advierta de esta restricción.
- Las zonas de entrada de los vehículos serán diferentes de las del personal. Si no fuera así, se han de disponer los medios de seguridad adecuados para evitar o reducir los riesgos de golpes o atropellos con dichos vehículos como, por ejemplo, barreras de separación.

!

Recuerda

- Acceder a la obra únicamente por las zonas habilitadas para el acceso de personal.
- No acceder a aquellas zonas para las que no se dispone de la autorización correspondiente.
- Respetar la señalización de seguridad y salud establecida.
- No invadir las vías de circulación ni el área de actuación de los vehículos y de la maquinaria.
- Transitar por las vías destinadas a los peatones.
- Hacer uso adecuado de los servicios higiénicos y de los locales de descanso de la obra.
- **Comunicar al encargado de la obra cualquier deficiencia que se observe relacionada con el cerramiento de la obra, la señalización de seguridad y salud, los accesos de personal autorizado, las instalaciones higiénicas y de descanso, etc.**

2.2 Trabajos nocturnos

En el sector de la construcción, especialmente en la obra civil, existen multitud de trabajos que se realizan en horario nocturno, debido, principalmente, a la necesidad de disminuir su concurrencia con terceros.

En estas circunstancias las condiciones de trabajo se ven afectadas por una menor visibilidad y una disminución de las capacidades de percepción. Además, la realización continua de actividades en horario nocturno puede afectar el ritmo biológico de las personas (ciclo del sueño, hábitos alimenticios, etc.). Ambas situaciones provocan que, en numerosas ocasiones, no se mantenga el nivel de alerta adecuado ante los riesgos a los que se está expuesto (atropellos, caídas, golpes, etc.). Por ello, en los trabajos nocturnos se han de extremar las siguientes precauciones:

- Es necesario garantizar un nivel de iluminación suficiente en las áreas de trabajo.
- Se ha de evitar invadir las zonas en las que exista circulación de maquinaria o vehículos.
- Igualmente, se ha de atender a la señalización visual y acústica (por ejemplo, rotativo luminoso y avisador acústico de marcha atrás) de los vehículos y la maquinaria autopropulsada.

- Los/las trabajadores/las han de usar ropa de protección de alta visibilidad.
- La realización de los trabajos nocturnos ha de quedar restringida a trabajadores/as mayores de 18 años y que hayan recibido una instrucción adecuada.
- Se ha de llevar a cabo una vigilancia de la salud de los/las trabajadores que ejecuten estas tareas mediante la realización de reconocimientos médicos planificados.

✓ Utilizan ropa de alta visibilidad.

Figura 14.
Realización de trabajos nocturnos con invasión de la calzada

Recuerda

- Mientras se realicen trabajos en horario nocturno o en lugares con escasa visibilidad (por ejemplo, en el interior de un túnel) se ha de utilizar ropa de alta visibilidad.
- Para reducir los efectos que el trabajo nocturno puede tener sobre el ritmo biológico es recomendable:
  - Elegir en el hogar o lugar de alojamiento espacios oscuros y silenciosos para dormir.
  - Llevar una dieta sana y equilibrada. No ingerir antes de dormir alimentos que provoquen una digestión lenta, ni bebidas con cafeína o estimulantes.
- **Comunicar al encargado de la obra cualquier anomalía que se detecte (iluminación, señalización o delimitación inexistente o deficiente, falta de ropa de alta visibilidad, etc.).**

3. MANIPULACIÓN DE PRODUCTOS QUÍMICOS. FICHA DE DATOS DE SEGURIDAD. SIMBOLOGÍA

En las obras de construcción se utilizan y manipulan, con frecuencia, productos químicos de diferente naturaleza: cemento, yeso, aditivos para morteros, adhesivos, resinas, siliconas, etc.

Consecuentemente, los/las trabajadores/as pueden estar expuestos, durante la realización de sus tareas, a los riesgos derivados del uso y la manipulación de productos químicos peligrosos; estos pueden producir diversos efectos tóxicos (adversos para la salud).

En función de sus propiedades toxicológicas, un producto químico peligroso (sustancia o mezcla) se clasifica en una o en varias categorías de peligro: tóxico, nocivo, corrosivo, irritante, carcinogénico, mutagénico, etc.

Asimismo, los productos químicos peligrosos pueden ser, en función de sus propiedades fisicoquímicas: explosivos, comburentes, inflamables, etc.

Las medidas preventivas que se han de implantar para eliminar o reducir los riesgos asociados a la manipulación y el almacenamiento de los productos químicos utilizados en la obra, deben ir dirigidas, por orden de prioridad, a la modificación de los métodos de trabajo y a la reducción de la cantidad de contaminante emitido y del tiempo de exposición de los/las trabajadores/as y, finalmente, a la utilización de los EPI necesarios.

Es decir, cuando no se puedan aplicar medidas de carácter organizativo y técnico en el origen del riesgo (por ejemplo, un sistema de aspiración en el equipo de trabajo) y en el medio de transmisión (por ejemplo, ventilación) o, aunque sea posible su adopción, dichas medidas resulten insuficientes para el control del riesgo, se implantarán acciones dirigidas a la utilización de los EPI necesarios.

3.1 Productos químicos utilizados en la obra

Los productos químicos utilizados con mayor frecuencia en las obras de construcción son:

a. Cemento

Puede provocar **irritación** de la garganta y del aparato respiratorio, daños en la córnea, lesiones en la piel (efectos agudos) e incluso **dermatitis** (efectos crónicos), así como irritación y dolores en el aparato digestivo por ingestión accidental.

No es inflamable ni explosivo y no facilita ni alimenta la combustión de otros materiales.

Ha de procurarse utilizar este producto en áreas ventiladas y, en caso necesario (situaciones extremas), hacer uso de un sistema de extracción localizada. Puede resultar preciso realizar mediciones ambientales para determinar la concentración de polvo de cemento en el aire.

En la medida de lo posible, el cemento se tiene que verter desde poca altura y mezclar o remover suavemente.

Hay que evitar el contacto directo del cemento con la piel y las mucosas. Si no es posible impedir la formación de polvo durante su manipulación, se deben emplear gafas y protección respiratoria. Una vez finalizados los trabajos o antes de una pausa, es necesario asearse concienzudamente. No comer, beber ni fumar durante la manipulación de este producto.

b. Aditivos para hormigón y mortero: retardadores y aceleradores de fraguado, plastificantes, fluidificantes, anticongelantes, impermeabilizantes, colorantes, etc.

Generalmente, pueden causar **irritación** en la mucosa nasal, la garganta, los ojos, la piel y, en caso de ingestión accidental, en el tracto gastrointestinal.

Por lo común, estos productos no son inflamables ni explosivos y no facilitan ni alimentan la combustión de otros materiales.

Se ha de procurar usarlos en áreas ventiladas y, en caso necesario, hacer uso de un sistema de extracción localizada. Puede resultar preciso realizar mediciones ambientales para determinar su concentración en el aire.

Hay que utilizar guantes para su manipulación manual. Si no es posible impedir la formación de polvo, se deben emplear gafas y protección respiratoria.

Una vez finalizados los trabajos o antes de una pausa, es necesario asearse concienzudamente. No comer, beber ni fumar durante su manipulación.

El producto se ha de almacenar en su envase original y en un lugar fresco, seco, bien ventilado y protegido contra la humedad.

c. Yeso

Puede provocar **irritación** en la nariz y la garganta, en caso de inhalación; y en la piel y los ojos, en caso de contacto. Su ingestión accidental puede causar irritación en el aparato digestivo.

Por otro lado, no es inflamable ni explosivo y no facilita ni alimenta la combustión de otros materiales.

Hay que manipular y abrir los envases con prudencia evitando que se derrame y produzca excesivo polvo. Si no es posible evitar la formación de polvo durante su manipulación, se deben emplear gafas y protección respiratoria.

Es conveniente lavarse las manos antes de realizar una pausa. Una vez finalizados los trabajos, lavarse o ducharse. No comer, beber ni fumar durante su manipulación.

d. Adhesivos, resinas y siliconas

En el caso de que estos productos contengan disolventes orgánicos en su composición, una exposición prolongada a concentraciones de vapores por encima del límite de exposición profesional puede producir efectos nocivos sobre la salud, tales como: **irritación de la mucosa y del sistema respiratorio**, efectos adversos sobre los riñones, el hígado y el sistema nervioso central.

Las salpicaduras pueden provocar **irritación en los ojos y en la piel** y, en algunos casos, **dermatitis**. La ingestión accidental puede generar **irritación de boca, garganta y estómago**, e incluso **daños pulmonares**.

Hay que garantizar una ventilación adecuada en el lugar de utilización. En caso necesario, se debe instalar un sistema de ventilación forzada o de extracción localizada. Puede resultar preciso realizar mediciones ambientales para determinar la concentración de vapores o gases en el aire.

En el caso de productos que contienen poliuretanos o disolventes orgánicos, no se tiene que utilizar cerca de llamas o de otras posibles fuentes de ignición. En su proximidad, no se debe emplear herramientas que puedan producir chispas.

Durante su manipulación se han de emplear los equipos de protección individual necesarios: protectores de las vías respiratorias frente a partículas o gases y vapores; protección ocular; guantes; y buzo o mono.

Una vez finalizados los trabajos o antes de una pausa, hay que asearse concienzudamente. No se debe comer, beber ni fumar durante la manipulación de este tipo de productos.

Estos productos se tienen que almacenar en sus envases originales cerrados, en un lugar fresco, seco y bien ventilado, así como alejados de fuentes de ignición y de la radiación solar directa.

e. Poliuretano

Una exposición prolongada a concentraciones de vapores o gases de poliuretano puede **dañar el sistema respiratorio** y ocasionar **irritación crónica**. En contacto con los ojos puede causar ceguera temporal y lesiones graves. Respecto a un posible contacto con la piel, hay que tener en cuenta que es un **alérgeno** reconocido. Su ingestión accidental causa irritación gastrointestinal.

Es **extremadamente inflamable**. Existe peligro de que los envases a presión revienten al aumentar la presión de vapor causado por una elevación de la temperatura. Por ello, no debe utilizarse el producto cerca de llamas o de otras posibles fuentes de ignición. Sus envases tienen que mantenerse alejados de fuentes de emisión de calor así como de la luz solar directa, y almacenarse en lugar fresco, seco y bien ventilado.

Ha de evitarse la formación de concentraciones altas de vapor o gas en el aire. Tiene que procurarse el uso de este producto en áreas ventiladas. Puede resultar necesario realizar mediciones ambientales para determinar la concentración de vapores o gases en el aire.

En su proximidad, no se deben emplear herramientas que puedan producir chispas.

Durante su manipulación hay que utilizar los equipos de protección individual necesarios, tales como: protectores de las vías respiratorias frente a partículas, gases o vapores; protección ocular; guantes; y buzo o mono.

Una vez finalizados los trabajos o antes de una pausa, hay que asearse concienzudamente. No se debe comer, beber ni fumar durante la manipulación de este tipo de productos.

f. Limpiadores

Causan **irritación de las vías respiratorias**. En el caso de productos limpiadores que contengan isocianatos, una exposición prologada puede provocar dolor de cabeza, vértigo, fatiga, somnolencia y, en casos extremos, pérdida de conciencia. El contacto puede ocasionar **irritación en los ojos y en la piel** y, en el caso de limpiadores con base de ácidos inorgánicos, **quemaduras**.

La ingestión accidental puede generar irritación gastrointestinal. Los limpiadores con base de ácidos inorgánicos son **corrosivos** para el tracto digestivo.

Durante su manipulación ha de asegurarse una ventilación adecuada y, en caso necesario, instalar un sistema de extracción.

En el caso de productos con riesgo de **incendio o explosión** como, por ejemplo, los que contienen isocianatos, no se han de utilizar cerca de llamas o de otras posibles fuentes de ignición.

Han de observarse las normas básicas de manipulación de los productos químicos, tales como, por ejemplo:

- Usar los equipos de protección individual necesarios (protectores de las vías respiratorias, de los ojos y de la piel).
- Una vez finalizados los trabajos o antes de una pausa, es preciso asearse concienzudamente. No hay que comer, beber ni fumar durante la manipulación de este tipo de productos.

g. Amianto

Durante la realización de intervenciones (rehabilitación, restauración, mantenimiento, etc.) sobre edificios construidos las personas trabajadoras pueden estar expuestas al amianto que contienen determinados materiales antiguos.

El amianto está clasificado como **producto carcinógeno**. Una exposición prolongada y repetida a las fibras de amianto o asbesto puede provocar efectos graves. Por ejemplo, los pulmones pueden quedar afectados, dando lugar a fibrosis.

La manipulación de dichos materiales con amianto en su composición debe llevarse a cabo por empresas inscritas en el "Registro de empresas con riesgo por amianto" (RERA) existente en los órganos correspondientes de la autoridad laboral de las comunidades autónomas.

El acceso a los lugares donde se realicen trabajos con riesgo de exposición al amianto debe permitirse, únicamente, a las personas autorizadas.

Figura 15.
Manipulación de placas de cubrición que contienen amianto

Amplía información sobre "Prevención de riesgos laborales en los trabajos con productos químicos en la construcción" consultando la siguiente guía: https://bit.ly/3qgAJmU

El/la empresario/a debe identificar la presencia de agentes químicos peligrosos en el lugar de trabajo y evaluar los riesgos derivados de dicha presencia.

Para ello tiene que considerar, entre otros aspectos, los valores límite ambientales aplicables así como la información acerca de los riesgos y sobre la seguridad, la salud y el medio ambiente contenida en las:

- **Etiquetas de los envases** de las sustancias solas (productos puros) y mezclas químicas (preparados).
- **Fichas de datos de seguridad**.

Ambas fuentes proporcionan, además, información relativa a las medidas preventivas que se tienen que adoptar para evitar o reducir dichos riesgos.

2.2 Etiquetado y ficha de datos de seguridad

Las **sustancias y mezclas peligrosas**, además de la ficha de datos de seguridad, deben disponer en sus envases de una **etiqueta** identificativa en la que se indique los peligros físicos para la salud humana y para el medio ambiente (frases H y pictogramas), así como los consejos de prudencia generales, de prevención, de respuesta y de almacenamiento y eliminación (frases P).

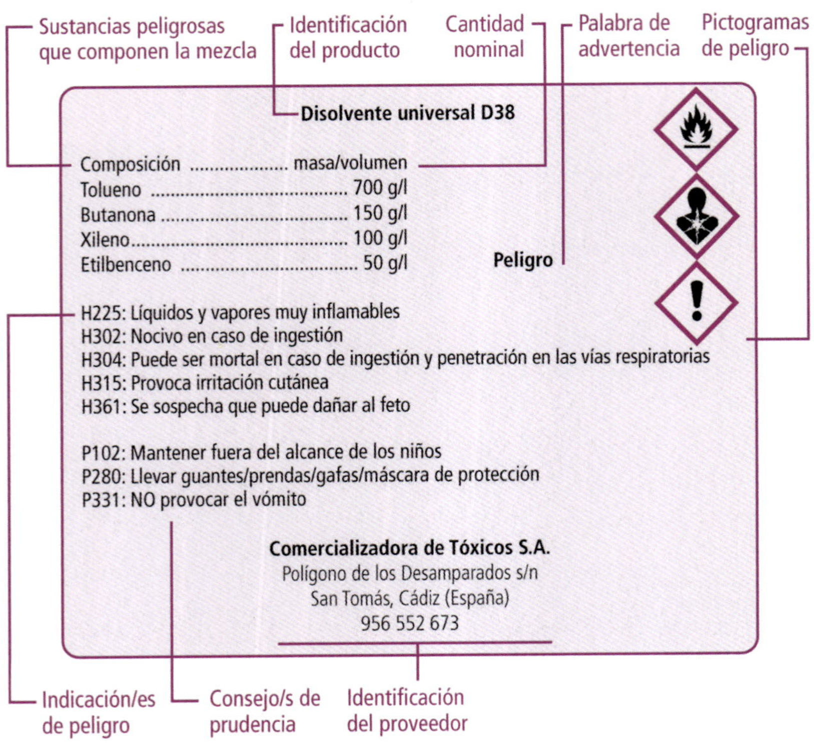

Figura 16.
Ejemplo de la etiqueta identificativa de una mezcla química. Fuente: ISTAS

La **ficha de datos de seguridad** de una sustancia o de un compuesto peligroso debe contener la siguiente información:

1. Identificación de la sustancia o la mezcla y del responsable de la comercialización (fabricante, importador o distribuidor).
2. Composición/información sobre los componentes.
3. Identificación de los peligros.
4. Primeros auxilios.
5. Medidas de lucha contra incendios.
6. Medidas a tomar en el caso de vertido accidental.
7. Manipulación y almacenamiento.
8. Controles de exposición y de protección individual.
9. Propiedades físicas y químicas.
10. Estabilidad y reactividad.
11. Información toxicológica.
12. Información ecológica.
13. Consideraciones sobre la eliminación.
14. Información sobre el transporte.
15. Información reglamentaria (contiene la información que figura en la etiqueta).
16. Otra información.

Recuerda

Lee y sigue en todo momento las instrucciones de seguridad de los productos químicos que tengas que manipular y utiliza correctamente los equipos de protección personal especificados.

2.3 Almacenamiento y acopio de productos químicos

Deben establecerse lugares seguros en la obra para el almacenamiento de los productos químicos y para el depósito de sus residuos. Estos lugares tienen que estar alejados de las zonas de producción y de los espacios ocupados por personas. Las áreas de almacenamiento de los materiales y productos deben diferenciarse en función de sus características e incompatibilidades. Algunos de los aspectos que se han de considerar para dicho almacenamiento son:

- Agrupar los productos químicos por el tipo de riesgo que presentan, con el fin de evitar el almacenamiento conjunto de productos incompatibles.
- Señalizar los lugares de almacenamiento en función de la peligrosidad del producto (inflamabilidad, toxicidad, etc.).
- Mantener unas condiciones adecuadas de ventilación, temperatura y luminosidad así como proteger a los productos de la exposición directa al sol.
- Conservar los productos en su envase original cerrado.
- Instalar sistemas de protección contra incendios en los lugares donde se almacenen los productos inflamables y combustibles.
- Disponer de materiales de absorción adecuados (tierra, arena o similar, nunca serrín) para la recogida de posibles fugas y derrames.
- Restringir el acceso al personal.

2.4 Simbología

A continuación se recogen tanto los símbolos de peligro para los productos químicos –que dejan de ser un cuadrado con un pictograma negro sobre fondo naranja (símbolos antiguos), para convertirse en un pictograma negro enmarcado en un rombo de borde rojo (símbolos nuevos)–, como una breve descripción de sus significados:

SÍMBOLOS DE PELIGRO DE LAS SUSTANCIAS Y MEZCLAS QUÍMICAS	
	Se reserva exclusivamente para los casos de toxicidad aguda de consecuencias inmediatas.
	Agrupa los peligros para la salud más graves a largo plazo, efectos carcinógenos, mutágenos y tóxicos para la reproducción, sensibilización respiratoria...
	Advertencia de menor intensidad para los casos de toxicidad o lesiones.
	Riesgo por ser un envase a presión.
	Alerta de que es un producto corrosivo, que por contacto destruye la piel u otros tejidos vivos.
	Avisa del riesgo de inflamabilidad.
	Comburente: favorece la inflamabilidad y aviva el fuego.
	Este símbolo alerta del riesgo de explosión de la sustancia.
	Avisa del alto poder contaminante, del riesgo para el medio ambiente.

Figura 17. *Símbolos de peligro de las sustancias y mezclas químicas*

RESUMEN

Los trabajos de construcción entrañan gran cantidad y variedad de riesgos entre los que destacan, fundamentalmente, los derivados de la ejecución de trabajos en altura y del movimiento de cargas suspendidas, tales como: caídas de personas desde altura así como de materiales y objetos desprendidos.

Otros riesgos frecuentes durante la realización de estos trabajos son: caídas de personas al mismo nivel, quedar atrapado, choques o golpes contra objetos en movimiento y pisadas sobre objetos.

Además, se presentan riesgos de electrocución generados por la utilización de equipos eléctricos; de incendio y explosión por la presencia de materiales inflamables y combustibles; higiénicos por la exposición al polvo, el ruido, las vibraciones y las radiaciones y por el contacto con productos químicos; así como ergonómicos, motivados por la manipulación manual de cargas y la adopción de posturas forzadas.

La persona ha de comunicar a su superior jerárquico directo o a los/las responsables de la obra las deficiencias que detecte y, junto con ellos, planificar la realización del trabajo, desde un punto de vista preventivo, con el fin de eliminar o reducir y controlar dichos riesgos.

Nunca deberá iniciarse la actividad sin haberse adoptado las medidas preventivas suficientes.

Asimismo, se tienen que conocer los productos químicos que se utilizan en la obra e identificar los peligros a los que puede estar sometido al trabajar con dichos productos, sabiendo interpretar la información contenida en el etiquetado y, en su caso, en las fichas de datos de seguridad.

Las medidas preventivas que se han de implantar para eliminar o reducir los riesgos asociados a la manipulación de los productos químicos utilizados en la obra, deben ir dirigidas, por orden de prioridad, a la modificación de los métodos de trabajo y a la reducción de la cantidad de contaminante emitido y del tiempo de exposición de los trabajadores y, finalmente, a la utilización de los EPI necesarios.

Para el almacenamiento de los productos químicos y para el depósito de sus residuos deben establecerse lugares seguros en la obra. Estos lugares tienen que estar alejados de las zonas de producción y de los espacios ocupados por personas. Las áreas de almacenamiento de los materiales y productos han de diferenciarse en función de sus características e incompatibilidades.

UD4 Interferencias entre actividades

Contenido

1. ACTIVIDADES SIMULTÁNEAS Y SUCESIVAS

En la mayoría de las obras de construcción sucede que distintos empresarios/as y trabajadores autónomos desarrollan sus actividades de manera simultánea o sucesiva. Por ejemplo, operadores/as de vehículos y maquinaria de movimiento de tierras, encofrador/a, ferrallistas, albañiles/as, instaladores/as, etc. interactúan conjuntamente dada la concurrencia de actividades existente durante la ejecución de las distintas fases de la edificación y de la obra civil.

Consecuentemente, dicha concurrencia de actividades puede generar interferencias e incompatibilidades que agraven los riesgos propios de cada actividad o favorezcan la aparición de otros nuevos. w

La mencionada interferencia de actividades exige una eficaz labor de coordinación, tanto productiva como en el ámbito de la seguridad y salud.

En este sentido, los/las empresarios/as (contratistas y subcontratistas), así como los trabajadores autónomos están obligados a cooperar entre sí, estableciendo los medios de coordinación (intercambio de información, protocolos, presencia de responsables y, en su caso, de recursos preventivos, etc.) que consideren necesarios.

Para organizar de manera adecuada la coordinación entre actividades que se interfieren se debe, entre otras previsiones:

- Identificar las interferencias entre los distintos trabajos que se van a llevar a cabo.
- Definir la información y las instrucciones que ha de recibir el personal en relación con los riesgos derivados de la coincidencia de actividades y que pueden afectarles, así como sobre las correspondientes medidas de prevención, protección y emergencia.
- Determinar, previa consulta e información a los trabajadores y las trabajadoras, los métodos de trabajo y las medidas preventivas que se han de adoptar, con el fin de controlar los riesgos motivados por las interacciones entre actividades.

Entre las medidas generales que se han de considerar para el control de los riesgos derivados de la realización de actividades simultáneas y sucesivas, cabe destacar:

- En la medida de lo posible, establecer tanto accesos a la obra, como vías de circulación o zonas de paso dentro de la misma, diferenciando los de vehículos de los de peatones.
- Evitar los trabajos simultáneos en la misma vertical de varios oficios, adoptando, en el caso de no ser posible impedirlos, medidas de protección para evitar o limitar la caída de objetos desprendidos.

Recuerda

En la mayoría de las obras, sean de edificación o de obra civil, nuevas o de rehabilitación, reparación o mantenimiento, intervienen de forma simultánea o sucesiva dos o más empresas y trabajadores autónomos realizando diferentes actividades dentro de la misma zona de trabajo.

Ejemplo

Visera de protección contra la caída de materiales dispuesta entre los forjados que se encuentran en fase de construcción de la estructura y aquellos en los que se está ejecutando el cerramiento de la fachada.

Figura 1.
Interferencias entre las actividades de ejecución de la estructura del edificio y el cerramiento de la fachada

- Delimitación de la zona de trabajo de cada oficio, procurando, en la medida de lo posible, no invadir el área de cada uno.

Ejemplo

Delimitación de la zona de talleres y aislamiento del puesto de trabajo de quien realiza soldaduras mediante la instalación de mamparas de material opaco o translúcido, con el fin de proteger al resto de personas que se encuentren en las inmediaciones frente a las radiaciones.

Figura 2.
Taller de soldadura en la obra

- Comunicación continua entre los diferentes oficios a través de los interlocutores que establezcan cada uno de ellos, reuniéndose las veces que se considere necesario (técnicos de prevención, recursos preventivos, etc.).

Por otra parte, una de las situaciones que hay que resolver, con carácter previo al inicio de los trabajos, es la que se produce por las interferencias debidas a la presencia en la obra de distintas instalaciones de suministro de servicios públicos (agua, gas, electricidad, etc.).

Figura 3.
Pórticos delimitadores de altura con el fin de controlar el riesgo de contacto con la línea eléctrica aérea

1.1 Interacción en la fase de movimiento de tierras

Cabe indicar las siguientes medidas preventivas de aplicación general para la eliminación o la reducción y el control de los riesgos generados por la interferencia de actividades durante la fase de ejecución del movimiento de tierras:

- Localizar y señalizar adecuadamente las conducciones de gas, electricidad, etc. Siempre que sea posible, los trabajos se realizarán tras haber efectuado el corte de los diferentes suministros afectados por el movimiento de tierras.
- Delimitar las excavaciones y la zona de trabajo de las máquinas de movimiento de tierras, instalando vallados o señalización.
- Establecer zonas de paso separadas y claramente definidas para vehículos y peatones.
- Utilizar chalecos reflectantes cuando se trabaje cerca de la maquinaria de movimiento de tierras.
- Mantener la obra en buen estado de orden y limpieza retirando el material sobrante (ladrillos, ferralla, madera, etc.). Es preciso, asimismo, acondicionar vías de paso de superficie regular, con el fin de facilitar la circulación.
- Organizar los trabajos de tal manera que las excavaciones de pozos o zanjas estén abiertas el menor tiempo posible. Mientras dichas excavaciones permanezcan abiertas, se mantendrán convenientemente protegidas y señalizadas.

- Alejar la circulación de los vehículos y de la maquinaria de los bordes de las excavaciones de forma que se mantenga una distancia de seguridad. Se dispondrá de personal auxiliar que dirija a las personas que conducen en las maniobras de descarga de material, al objeto de evitar una aproximación peligrosa al borde de los desniveles. En su ausencia, se instalarán "topes de final de recorrido" para dichos vehículos y maquinaria.
- Delimitar el área de trabajo de las máquinas para evitar, en la medida de lo posible, el acceso de trabajadores al área de influencia de dichas máquinas. Igualmente, estos deberán hacer uso de prendas de alta visibilidad. Asimismo, las máquinas dispondrán de señal luminosa y acústica de marcha atrás, para minimizar los riesgos de atropello por equipos de trabajo móviles.

!

Recuerda

- No realizar trabajos cerca de los bordes de las excavaciones que no se encuentren protegidos frente al riesgo de caída al fondo de las mismas, ni en el interior de estas, mientras no se adopten sistemas para la contención del terreno.
- Utilizar los medios auxiliares adecuados para entrar y salir de los fondos de las excavaciones. No acceder al interior de las mismas deslizándose por los taludes, por los elementos de la entibación, o saltando.
- Asegurarse de que las escaleras de mano empleadas para el acceso al interior de las zanjas están bien sujetas por sus extremos y tienen la altura suficiente para sobrepasar en 1 m el nivel de acceso.
- No situarse sobre los accesorios o implementos (pala, cuchara, etc.) de la maquinaria de movimiento de tierras para la realización de trabajos en altura, ni posicionarse en cualquier parte del chasis o de la estructura del vehículo o de la máquina para ser transportado.
- Utilizar ropa o chaleco de alta visibilidad.
- No aproximarse a los vehículos y la maquinaria de movimiento de tierras cuando se encuentren en movimiento. En el caso de que se requiera dicha aproximación (por ejemplo, para posibilitar la comunicación con la persona que maneja el equipo de trabajo durante la realización de labores auxiliares), se ha de actuar de la siguiente manera:
  1. Situarse fuera de la zona de alcance del equipo de trabajo.
  2. Colocarse a la vista del conductor en todo momento.
- **Comunicar al encargado de la obra cualquier anomalía o imprevisto que se observe tales como: modificaciones en el estado del terreno, presencia de agua subterránea, existencia de una canalización subterránea, restos de construcciones, etc.**

1.2 Interacción en la ejecución de la cimentación y la estructura

En relación con el control de los riesgos generados por la interferencia de actividades durante la ejecución de la cimentación y la estructura, cabe indicar las siguientes medidas preventivas de aplicación general:

- Evitar el paso por encima de la ferralla. Si ello fuera necesario, se habilitarán pasarelas con una resistencia adecuada y de una anchura no inferior a 60 cm, con el fin de minimizar los riesgos de cortes y pinchazos con la ferralla. Asimismo, se colocarán setas de protección en los extremos de los redondos que constituyen las esperas de las armaduras.

- Se impedirá la realización de tareas en aquellas zonas en cuya vertical se ejecuten trabajos en niveles superiores y no se hayan adoptado medidas de protección (generalmente, viseras) contra la caída de materiales, objetos y partículas.
- Se evitará el transporte de materiales de encofrado, paquetes de ferralla y armaduras suspendidos mediante grúas por encima de los trabajadores. Del mismo modo, el movimiento de los materiales correspondientes a otros oficios (por ejemplo, palés de ladrillos, azulejos, baldosas, tejas, etc.) mediante grúa no debe afectar a los tajos de puesta en obra del hormigón y de elaboración y montaje de las armaduras.

1.3 Interacción en la ejecución de los trabajos de albañilería y acabados

Entre las medidas preventivas tendentes a la eliminación o la reducción y el control de los riesgos generados por la interferencia de actividades durante la ejecución de los trabajos de albañilería y acabados, cabe señalar:

- Establecer accesos seguros y protegidos con viseras, evitando que las personas puedan acceder a la obra por cualquier zona en la que el riesgo de caída de objetos y materiales no esté controlado.
- Establecer un protocolo de actuación entre la fase de estructura y la de ejecución de los cerramientos exteriores y las divisiones interiores con el fin de mantener los sistemas de protección adoptados en la fase de estructura, o prever cómo se van a sustituir con el menor riesgo para los/las trabajadores/as de ambas fases productivas.
- Debido al riesgo existente de caída de objetos, evitar los trabajos simultáneos en la misma vertical o adoptar medidas de protección, como puede ser la instalación de redes de seguridad con mosquitera o viseras de protección.

1.4 Interacción en los trabajos de aislamiento e impermeabilización

Entre los principales riesgos a los que están sometidos los trabajadores que están presentes en la obra durante la realización de los trabajos de impermeabilización y de aislamiento, cabe destacar:

- Exposición a agentes químicos por inhalación o contacto con los gases irritantes que se emiten durante la aplicación del material de imprimación y el calentamiento de la lámina impermeabilizante.
- Explosión de las botellas que contienen el gas utilizado para generar la llama del soplete.
- Contacto directo con la llama o con los elementos que se encuentren a elevada temperatura.
- Contacto con sustancias nocivas o irritantes por vía dérmica, respiratoria o digestiva durante la colocación del material aislante.

Entre las principales medidas preventivas que hay que considerar durante la realización de los trabajos de puesta en obra del material aislante y de impermeabilización, cabe señalar:

- Coordinar los trabajos concurrentes y dar las debidas instrucciones para evitar interferencias con otros oficios, de manera que el personal ajeno no se vea afectado por la realización de este tipo de tareas.
- Asegurar una ventilación suficiente, cuando se trabaje en locales cerrados.
- No permitir fumar, beber o comer en la zona de trabajo.
- Disponer de locales apropiados para el almacenamiento de las botellas de gases comprimidos.
- Controlar la utilización correcta de los equipos de protección individual especificados para el tipo de trabajo que se vaya a realizar.

Ejemplo

La zona donde se realizan los trabajos de proyección de espuma de poliuretano debe encontrarse perfectamente acotada al objeto de restringir el paso a la misma. Únicamente podrá acceder el personal cualificado y específicamente autorizado para la ejecución de dichos trabajos.

Figura 4.
Trabajos de proyección de espuma de poliuretano

1.5 Interacción en la ejecución de las instalaciones

La circunstancia que se produce con mayor frecuencia durante la ejecución de la fase de instalaciones es la concurrencia de diferentes oficios: electricistas, fontaneros/as, albañiles/as, yeseros/as, soladores/as, alicatadores/as, carpinteros/as, pintores/as, etc. Tal concurrencia puede agravar los riesgos propios de cada actividad y también favorecer la aparición de otros nuevos. Por lo tanto, en esta fase se precisa, si cabe, una mayor labor de coordinación entre las actividades que desarrollan las diferentes empresas y trabajadores autónomos concurrentes.

Cabe resaltar que los procedimientos de trabajo correspondientes a las pruebas de funcionamiento de las instalaciones tienen que estar perfectamente establecidos de manera que su realización sea segura tanto para los propios instaladores, como para otras personas a las que dichas pruebas pudieran afectar.

Ejemplo

Las pruebas de puesta en tensión de la instalación eléctrica serán anunciadas previamente. Es conveniente que se informe con antelación de la fecha y la hora en las que se realizarán dichas operaciones mediante las comunicaciones oportunas (escritas, verbales, carteles de advertencia situados en lugares visibles, etc.).

1.6 Interacción con personas ajenas a la obra

En cuanto a la interacción con personas ajenas a la obra (por ejemplo, vehículos y viandantes, usuarios de las vías públicas), cabe citar las siguientes medidas preventivas:

- Implantar el vallado, balizamiento y señalización adecuados que delimiten y separen la zona de trabajo (por ejemplo, barreras tipo *New Jersey*) de la zona de circulación de las personas y los vehículos ajenos a la obra.
- Evitar el acopio de materiales fuera del recinto de la obra.
- En caso necesario, proteger a los usuarios de las vías públicas de las posibles caídas de elementos fuera del recinto de la obra, empleando redes de seguridad con mosquiteras, marquesinas de protección, etc.

Figura 5.
Visera y red mosquitera frente a la caída de materiales

Amplía información sobre "Señalización provisional durante la conservación de carreteras" viendo el siguiente vídeo: https://bit.ly/3uzDgJn

Ejemplo

En el caso de invadir la calzada o la acera de una vía pública para la realización de diversos trabajos (por ejemplo, bacheados, canalizaciones, conexiones con las redes de telefonía, electricidad, agua y gas, etc.), se debe instalar una señalización y balizamiento adecuados en la zona de trabajo, al objeto de garantizar la seguridad tanto de los/las usuarios/as de la vía pública (vehículos y transeúntes), como de los/las trabajadores.

Figura 6.
Señalización y balizamiento de la zona de obras en una calzada pública

Recuerda

La persona, en el desarrollo de su tarea, suele coincidir con otros trabajadores/a que intervienen en la ejecución de unidades o fases de obra diferentes. Esto conlleva que, además de los riesgos propios de su actividad, esté expuesto a riesgos característicos de otros oficios o a aquellos que se originan por la simultaneidad de los mismos.

RESUMEN

La concurrencia de actividades puede generar interferencias e incompatibilidades que agravan los riesgos propios de cada actividad o favorezcan la aparición de otros nuevos.

Los empresarios (contratistas y subcontratistas) así como los trabajadores autónomos están obligados a cooperar entre sí, estableciendo los medios de coordinación (intercambio de información, protocolos, presencia de responsables y, en su caso, de recursos preventivos, etc.) que consideren necesarios.

Se ha de establecer una comunicación continua entre los diferentes oficios a través de los interlocutores que establezcan cada uno de ellos, reuniéndose las veces que se considere necesario.

En la medida de lo posible, se han de establecer accesos a la obra y vías de circulación diferenciados para los vehículos y las personas que caminan.

Se han de evitar los trabajos simultáneos realizados en la misma vertical por varios oficios, adoptando, en el caso de no ser posible impedirlo, medidas de protección frente a la posible caída de objetos.

Una de las situaciones que hay que resolver, con carácter previo al inicio de los trabajos, es la que se produce por las interferencias debidas a la presencia en la obra de distintas instalaciones de suministro de servicios públicos (agua, gas, electricidad, etc.).

No se ha de olvidar que se producen interferencias entre el personal de la obra y las personas ajenas a la misma que se encuentran en sus inmediaciones (por ejemplo, los usuarios de las vías públicas colindantes). Este tipo de interferencias ha de tenerse en cuenta en la planificación preventiva de la obra.

UD5 Derechos y obligaciones

Contenido

1. MARCO NORMATIVO GENERAL Y ESPECÍFICO

La Constitución Española establece la obligación de los poderes públicos de velar por la seguridad e higiene en el trabajo.

En virtud de este precepto constitucional, de la necesidad de armonizar nuestra política concerniente a la seguridad y salud laboral con la política europea correspondiente y de los compromisos contraídos por el Estado Español con la Organización Internacional del Trabajo (OIT), surgió la exigencia de conformar un nuevo entorno jurídico en la materia y proceder, al mismo tiempo, a la actualización del existente hasta el año 1995.

El marco normativo resultante, vigente en la actualidad, está compuesto por la Ley 31/1995, de Prevención de Riesgos Laborales, sus normas de desarrollo y complementarias, así como otras disposiciones con contenidos marcadamente preventivos.

1.1 La Ley de Prevención de Riesgos Laborales

El artículo 14 de la Ley 31/1995, de Prevención de Riesgos Laborales, establece que "los trabajadores tienen derecho a una protección eficaz en materia de seguridad y salud en el trabajo".

De este derecho fundamental de protección se derivan otros, concretamente, los derechos de: información y formación en materia preventiva, consulta y participación, vigilancia del estado de salud y protección de la integridad física en situación de emergencia o en el caso de existencia de riesgo grave e inminente (figura 1).

DERECHO FUNDAMENTAL

Art. 14 de la Ley de Prevención de Riesgos Laborales

- Protección eficaz de la seguridad y la salud de los trabajadores

Derechos derivados

- Utilización de equipos de trabajo y medios de protección
- Información, consulta y participación
- Formación en materia preventiva
- Actuaciones en caso de emergencia y de riesgo grave e inminente
- Vigilancia de la salud
- Protección de las categorías específicas de trabajadores especialmente sensibles, maternidad y menores así como trabajadores con relaciones de trabajo temporales, de duración determinada o de empresas de trabajo temporal
- Otros

Figura 1.
Derechos básicos

El citado artículo de la Ley de Prevención de Riesgos Laborales determina, asimismo, el consiguiente deber del empresario/a de asegurar la protección de la seguridad y la salud de las personas trabajadoras a su servicio frente a los riesgos derivados del trabajo.

La actuación del empresario/a en esta materia debe realizarse bajo la aplicación de los **principios preventivos** establecidos por la propia Ley (artículo 15), que son, fundamentalmente:

- **Evitar los riesgos.**

Ejemplo

Los riesgos derivados de la manipulación manual de cargas por parte de las personas (sobreesfuerzos, caída de objetos, etc.) pueden evitarse realizando dicha manipulación con medios mecánicos adecuados.

- **Evaluar los riesgos que no se pueden evitar** con objeto de determinar la magnitud de dichos riesgos y la necesidad de adoptar medidas preventivas para su eliminación o reducción y su control, así como el tipo de medidas que deben adoptarse.
- **Combatir los riesgos en su origen.**
- **Adaptar el trabajo a la persona.**
- **Tener en cuenta la evolución de la técnica.**

Ejemplo

Adquirir máquinas y otros equipos de trabajo que incorporen las tecnologías y los sistemas de seguridad más novedosos.

- **Sustituir lo peligroso por lo que entrañe poco o ningún peligro.**

Ejemplo

Sustituir un producto químico en cuya composición se identifica una sustancia peligrosa por otro que no contenga dicha sustancia.

- **Planificar la prevención**, buscando un conjunto coherente que integre en ella la técnica, la organización del trabajo, las relaciones sociales y la influencia de los factores ambientales en el trabajo.

- **Adoptar medidas que antepongan la protección colectiva a la individual.**

Ejemplo

Siempre que sea viable, se antepondrá la instalación de un sistema de protección de borde en un forjado a la utilización de un equipo de protección individual contra caídas de altura (arnés anticaídas, cinturón de retención, etc.).

- **Dar las debidas instrucciones** acerca de las normas de actuación frente a los riesgos presentes en sus puestos de trabajo, la correcta utilización de los equipos, etc.
- **Tener en cuenta las capacidades profesionales** en materia de seguridad y salud en el momento de encomendarles las tareas.

Ejemplo

Aquellos equipos de trabajo cuya utilización deba realizarse en condiciones o formas determinadas (maquinaria de obra civil, grúa, mesa de corte de madera, etc.) los manipulará, exclusivamente, personal con conocimientos especializados (cualificados) y autorizado por el/la empresario/a.

- **Prever las distracciones o imprudencias no temerarias** que pudiera cometer la persona para garantizar la efectividad de las medidas preventivas.

Ejemplo

En el caso de desconectar la corriente eléctrica en un cuadro de obra para la realización de reparaciones o labores de mantenimiento, se ha de asegurar que la línea eléctrica no se puede poner de nuevo en tensión de manera incontrolada mediante una cerradura o un candado que impida el acceso al interruptor o su activación, acompañado de señales indicativas de la "prohibición de maniobrar o conectar", complementadas, si es necesario, con los datos del responsable de la desconexión, motivo, fecha y hora de la ejecución y teléfono de contacto.

Figura 2.
Señal de prohibido conectar

Recuerda

La Ley de Prevención de Riesgos Laborales está dirigida a prevenir los riesgos. Con tal fin, la actuación preventiva del empresario/a debe realizarse bajo la aplicación de los principios preventivos establecidos por la propia Ley.

Por otra parte, la Ley de Prevención de Riesgos Laborales establece los instrumentos mediante los que se deberá garantizar que la prevención se extiende a la gestión general de la empresa, involucrando a todos los niveles de su estructura (dirección, jefes de obra, encargados, trabajadores, etc.) e incluyendo la totalidad de los procesos productivos y las actividades que lleva a cabo la empresa (ver el apartado 2).

En este sentido, hay que anticipar que el "plan de prevención de riesgos laborales" es la herramienta legal y el marco de referencia mediante el que el/la empresario/a debe desarrollar la integración de la prevención en su sistema general de gestión.

1.2 Normas reglamentarias de desarrollo

La relación de normas reglamentarias que se han desarrollado desde la entrada en vigor de la mencionada Ley de Prevención de Riesgos Laborales es extensa. Seguidamente, se presentan o relacionan las más destacables.

a. Reglamento de los Servicios de Prevención

El Reglamento de los Servicios de Prevención (Real Decreto 39/1997 y sus posteriores modificaciones) regula de forma específica aquellos aspectos relativos tanto a los procedimientos de evaluación de los riesgos, como a las modalidades de organización de los recursos destinados a desarrollar la actividad preventiva de las empresas (ver el apartado 2.5).

Otro de los aspectos que incluye esta norma reglamentaria es el ordenamiento de las actuaciones que permiten la integración de la prevención de riesgos laborales en el conjunto de actividades de las empresas y en toda su estructura organizativa. Con tales efectos, el propio Reglamento de los Servicios de Prevención desarrolla el alcance y contenido del ya citado plan de prevención de riesgos laborales.

Recuerda

El Reglamento de los Servicios de Prevención regula las actuaciones que permiten la integración de la prevención de riesgos laborales en el sistema general de gestión de una empresa.

b. Real Decreto 1627/1997, por el que se establecen disposiciones mínimas de seguridad y salud en las obras de construcción

Los centros de trabajo en los que se lleva a cabo la actividad de construcción (obras) presentan determinadas características particulares que conllevaron el establecimiento, en el ámbito europeo, de normas de regulación específica en materia de prevención de riesgos laborales. En este sentido, la Directiva 92/57/CEE es la que de forma concreta regula las disposiciones mínimas de seguridad y de salud que deben aplicarse en las obras de construcción temporales o móviles.

De la transposición de esta directiva al Derecho español y de la incorporación de nuestros acuerdos en la materia con la Organización Internacional del Trabajo (OIT) surgió el Real Decreto 1627/1997. Esta norma de desarrollo reglamentario de la Ley de Prevención de Riesgos Laborales determina, entre otros aspectos, las características de índole técnica que deben contemplar las medidas preventivas que hay que implantar en las obras de construcción para garantizar la seguridad y salud de las personas trabajadoras.

Otro de los rasgos que caracteriza esta norma reglamentaria es el que se deriva de la intervención de determinados agentes no contemplados en otras reglamentaciones. Así, se establecen las obligaciones de: el promotor, el proyectista, el contratista, el subcontratista y los trabajadores autónomos.

Asimismo, cabe destacar la incorporación y ordenación de la figura del coordinador en materia de seguridad y de salud, tanto durante la elaboración del proyecto como durante la ejecución de la obra.

Recuerda

El Real Decreto 1627/1997 establece, entre otros aspectos, las obligaciones en materia preventiva del promotor, proyectista, contratista, subcontratista y trabajadores autónomos. Asimismo, determina las funciones del coordinador en materia de seguridad y de salud.

El Real Decreto 1627/1997 formula las siguientes definiciones a efectos de la aplicación de sus contenidos:

- **Obra de construcción**: cualquier obra, pública o privada, en la que se efectúen trabajos de construcción o ingeniería civil.
- **Trabajos con riesgos especiales**: trabajos cuya realización exponga a las personas a riesgos de especial gravedad para su seguridad y salud (ver figura 3).

ANEXO II. RELACIÓN NO EXHAUSTIVA DE LOS TRABAJOS QUE IMPLICAN RIESGOS ESPECIALES PARA LA SEGURIDAD Y LA SALUD DE LOS TRABAJADORES
1. Trabajos con riesgos especialmente graves de sepultamiento, hundimiento o caída de altura por las particulares características de la actividad desarrollada, los procedimientos aplicados o el entorno del puesto de trabajo.
2. Trabajos en los que la exposición a agentes químicos o biológicos suponga un riesgo de especial gravedad o para los que la vigilancia específica de la salud de los trabajadores sea legalmente exigible.
3. Trabajos con exposición a radiaciones ionizantes para los que la normativa específica obliga a la delimitación de zonas controladas o vigiladas.
4. Trabajos en la proximidad de líneas eléctricas de alta tensión.
5. Trabajos que expongan a riesgo de ahogamiento por inmersión.
6. Obras de excavación de túneles, pozos y otros trabajos que supongan movimientos de tierra subterráneos.
7. Trabajos realizados en inmersión con equipo subacuático.
8. Trabajos realizados en cajones de aire comprimido.
9. Trabajos que impliquen el uso de explosivos.
10. Trabajos que requieran montar o desmontar elementos prefabricados pesados.

Figura 3. *Relación no exhaustiva de los trabajos que implican riesgos especiales para la seguridad y la salud de los trabajadores (Anexo II del RD 1627/1997)*

- **Promotor**: cualquier persona física o jurídica por cuenta de la cual se realice una obra.
- **Proyectista**: autor o autores, por encargo del promotor, de la totalidad o de parte del proyecto de obra.
- **Coordinador en materia de seguridad y salud durante la elaboración del proyecto**: técnico competente designado por el promotor para coordinar, durante la fase del proyecto de obra, la aplicación de los principios que se mencionan en el artículo 8 de dicho Real Decreto.
- **Coordinador en materia de seguridad y salud durante la ejecución de la obra**: técnico competente integrado en la dirección facultativa, designado por el promotor para llevar a cabo las tareas que se mencionan en el artículo 9 de dicho Real Decreto.
- **Dirección facultativa**: técnico o técnicos competentes designados por el promotor, encargados de la dirección y el control de la ejecución de la obra.
- **Contratista**: persona física o jurídica que asume contractualmente ante el promotor, con medios humanos y materiales propios o ajenos, el compromiso de ejecutar la totalidad o parte de las obras con sujeción al proyecto y al contrato.
- **Subcontratista**: persona física o jurídica que asume contractualmente ante el contratista, empresario principal, el compromiso de realizar determinadas partes o instalaciones de la obra, con sujeción al proyecto por el que se rige su ejecución.
- **Trabajador autónomo**: persona física distinta del contratista y del subcontratista que realiza de forma personal y directa una actividad profesional, sin sujeción a un contrato de trabajo, y que asume contractualmente ante el promotor, el contratista o el subcontratista el compromiso de realizar determinadas partes o instalaciones de la obra. Cuando el trabajador autónomo emplea en la obra a trabajadores por cuenta ajena, tiene la consideración de contratista o subcontratista a efectos del Real Decreto 1627/1997.

Recuerda

El Real Decreto 1627/1997 es la norma reglamentaria en materia de prevención de riesgos laborales de aplicación específica a las obras de construcción.

c. Otras normas reglamentarias de interés

En la siguiente tabla se indican algunas de las normas reglamentarias del ámbito de la prevención de riesgos laborales que destacan por su estrecha relación con las actividades del sector de la construcción.

REAL DECRETO	DISPOSICIONES MÍNIMAS DE SEGURIDAD Y SALUD
RD 485/1997	Señalización de seguridad y salud.
RD 487/1997	Manipulación manual de cargas.
RD 773/1997	Utilización de equipos de protección individual.
RD 1215/1997	Utilización de los equipos de trabajo.
RD 216/1999	Trabajo de los trabajadores de las empresas de trabajo temporal.
RD 374/2001	Exposición a agentes químicos.
RD 614/2001	Riesgo eléctrico.
RD 171/2004	Coordinación de actividades empresariales.
RD 1311/2005	Exposición a vibraciones mecánicas.
RD 286/2006	Exposición al ruido.
RD 396/2006	Exposición al amianto.

Figura 4. *Otras normas reglamentarias de desarrollo de la Ley de Prevención de Riesgos Laborales*

1.3 Otras disposiciones de aplicación en materia preventiva

El marco normativo relativo a la prevención de riesgos laborales se completa con la aprobación de otras disposiciones que incluyen en su desarrollo aspectos relacionados con la seguridad y la salud. Por su frecuente aplicación en las actividades del sector de la construcción, se destacan las siguientes:

- Real Decreto Legislativo 5/2000, por el que se aprueba el texto refundido de la Ley sobre **Infracciones y Sanciones en el Orden Social**.
  En dicho texto se determinan, entre otras, las infracciones administrativas en el orden social por las acciones u omisiones en materia de prevención de riesgos laborales estableciendo, igualmente, su tipificación, los sujetos responsables de las mismas, así como las sanciones que se derivan de dichas acciones u omisiones.

- Real Decreto 842/2002, por el que se aprueba el **Reglamento Electrotécnico para Baja Tensión**.
- Real Decreto 836/2003, por el que se aprueba una nueva Instrucción técnica complementaria MIE-AEM-2 del Reglamento de aparatos de elevación y manutención, referente a **grúas-torre** para obras u otras aplicaciones.
- Real Decreto 837/2003, por el que se aprueba el nuevo texto modificado y refundido de la Instrucción Técnica Complementaria MIE-AEM-4 del Reglamento de aparatos de elevación y manutención, referente a **grúas móviles autopropulsadas**.
- Ley 32/2006, reguladora de la **subcontratación en el Sector de la Construcción**.
- Real Decreto 1109/2007, por el que se desarrolla la Ley 32/2006, reguladora de la Subcontratación en el Sector de la Construcción.
- Real Decreto 105/2008, por el que se regula la **producción y gestión de los residuos de construcción y demolición**.
- Real Decreto 656/2017, por el que se aprueba el **Reglamento de Almacenamiento de Productos Químicos**.
- **Convenio General del Sector de la Construcción**.

Recuerda

El Convenio General del Sector de la Construcción incluye en su formulación diversos aspectos relacionados con la prevención de riesgos laborales, entre los que destacan los relativos a las disposiciones mínimas de seguridad y salud aplicables en las obras, así como los referentes a la formación de los trabajadores y las trabajadoras del sector en esta materia.

2. ORGANIZACIÓN DE LA PREVENCIÓN DE RIESGOS LABORALES

La Ley de Prevención de Riesgos Laborales, en su artículo 16, dice que la prevención debe "integrarse en el sistema general de gestión de la empresa tanto en el conjunto de sus actividades como en todos los niveles jerárquicos de esta, a través de la implantación y aplicación de un plan de prevención de riesgos laborales".

Asimismo, se establece que los instrumentos esenciales para la gestión y aplicación de dicho plan de prevención de riesgos laborales son la evaluación de riesgos laborales y la planificación de la actividad preventiva.

GESTIÓN DE LA PREVENCIÓN DE RIESGOS LABORALES

PLAN DE PREVENCIÓN DE RIESGOS LABORALES

Instrumentos esenciales para su gestión y aplicación

- Evaluación de los riesgos
- Planificación de la actividad preventiva

Figura 5.
Instrumentos para la gestión preventiva

2.1 Plan de prevención de riesgos laborales

El plan de prevención de riesgos laborales debe ser aprobado por la dirección de la empresa, asumido por todos sus niveles jerárquicos y conocido por todo su personal. Además, el mencionado plan se ha de conservar a disposición de la autoridad laboral, de las autoridades sanitarias y de los/las representantes de los/las trabajadores/as, y ha de incluir los siguientes elementos:

- Identificación de la empresa y de su actividad productiva, número y características de los centros de trabajo, número de trabajadores de cada centro y características de los mismos con relevancia en la prevención de riesgos laborales.
- Estructura organizativa de la empresa, identificando las funciones y responsabilidades que asume cada uno de sus niveles jerárquicos y los respectivos cauces de comunicación entre ellos.
- Organización de la producción en cuanto a la identificación de los distintos procesos técnicos y las prácticas y los procedimientos organizativos existentes en la empresa.
- Organización de la prevención en la empresa, indicando la modalidad preventiva elegida y los órganos de representación existentes.
- Política, objetivos y metas que en materia preventiva pretende alcanzar la empresa, así como los recursos humanos, técnicos, materiales y económicos de los que va a disponer al efecto.

!

Recuerda

El plan de prevención de riesgos laborales deberá incluir la estructura organizativa, las responsabilidades, las funciones, las prácticas, los procedimientos, los procesos y los recursos necesarios para realizar la acción preventiva en la empresa.

2.2 Evaluación de riesgos

El/la empresario/a tiene que elaborar y conservar a disposición de la autoridad laboral la evaluación de los riesgos para la seguridad y la salud en el trabajo, reflejando, para cada puesto de trabajo cuya evaluación ponga de manifiesto la necesidad de tomar alguna medida preventiva, los siguientes datos:

- La identificación del puesto de trabajo.
- El riesgo o riesgos existentes y la relación de trabajadores afectados.
- El resultado de la evaluación y las medidas preventivas procedentes.
- La referencia de los criterios y procedimientos de evaluación y de los métodos de medición, análisis o ensayo utilizados.

Los representantes de las personas trabajadoras o, en su ausencia, los propios trabajadores/as deben ser consultados sobre el procedimiento de evaluación que se prevea utilizar.

!

Recuerda

La evaluación de los riesgos constituye una de las actividades esenciales del sistema de gestión preventiva de la empresa. Así, para poder acometer acciones encaminadas a prevenir los riesgos laborales, es preciso identificar con anterioridad los peligros y conocer, asimismo, la magnitud de los riesgos que se derivan de aquellos.

2.3 Planificación de la actividad preventiva

Las actividades preventivas serán objeto de **planificación**, incluyendo, para cada actividad preventiva, el plazo en el que ha de llevarse a cabo, la designación de responsables y los recursos humanos y materiales necesarios para su ejecución.

Debe asegurarse la efectiva ejecución de las actividades preventivas planificadas; para ello se efectuará un **seguimiento** continuo de dicha planificación. Si como consecuencia de los controles periódicos que se establezcan se aprecia que las actividades de prevención son inadecuadas a los fines de protección requeridos, estas deberán ser modificadas.

Las empresas de hasta 50 trabajadores/as que no desarrollen actividades peligrosas podrán reflejar en un único documento el plan de prevención de riesgos laborales, la evaluación de riesgos y la planificación de la actividad preventiva. Este documento puede ser de extensión reducida y fácil comprensión, adaptado a la actividad y tamaño de la empresa.

2.4 Plan de seguridad y salud en el trabajo

Mediante la evaluación de las actividades que realizan las empresas intervinientes en una obra de construcción se determinan las medidas preventivas correspondientes que servirán de base para crear los procedimientos de trabajo que se vayan a aplicar.

En las obras con proyecto, los procedimientos que resulten del proceso de identificación, análisis y control de los riesgos serán trasladados al plan de seguridad y salud en el trabajo de la obra que ha de elaborar el **contratista** de la misma.

Recuerda

El plan de seguridad y salud en el trabajo de la obra constituye el instrumento básico de identificación y, en su caso, evaluación de los riesgos en la obra y de planificación de las medidas de prevención y protección que se van a ejecutar.

Antes del inicio de la obra, el mencionado plan de seguridad y salud ha de ser **aprobado por el/la coordinador/a en materia de seguridad y salud** durante la ejecución de la misma o, en el caso de que no sea obligada su designación, por la dirección facultativa.

Durante la ejecución de la obra es posible que los citados procedimientos de trabajo se vean alterados debido a los **cambios** que pueden producirse (por ejemplo, en los equipos de trabajo que se han de emplear) y que, por ello, aparezcan riesgos **laborales no previstos**. En tales casos, se tienen que evaluar estos riesgos e implantar las medidas preventivas y los procedimientos de trabajo adecuados a las nuevas situaciones.

El plan de seguridad y salud en el trabajo tiene que **permanecer en la obra** a disposición de cuantas personas intervengan en la ejecución de la obra y tengan capacidad para plantear sugerencias o alternativas al mismo.

Igualmente, cada contratista, antes del comienzo de los trabajos, tendrá que **hacer entrega a cada subcontratista** con el que haya contratado de aquella parte del plan de seguridad y salud relativa a los trabajos que van a desarrollar en la obra así como de los aspectos generales de la misma.

Los contratistas y subcontratistas, para **cumplir lo establecido** en el plan de seguridad y salud en el trabajo, deben aportar los medios, equipos, etc. que resulten necesarios así como aplicar las medidas de prevención previstas en dicho plan.

El/la empresario/a (contratista y subcontratista) ha de hacer cumplir a su personal lo establecido en el mencionado plan de seguridad y salud en el trabajo. A tal fin, deberá informar a los trabajadores y las trabajadoras sobre los riesgos de la obra y sobre sus obligaciones preventivas. Entre estas obligaciones cabe destacar las siguientes:

- Realizar las tareas de acuerdo con los procedimientos de trabajo seguro establecidos.
- No poner fuera de funcionamiento los dispositivos de seguridad.
- Advertir a su superior jerárquico directo de la necesidad de reponer con carácter inmediato las protecciones colectivas o restituir las mismas si se hubieran retirado momentáneamente.
- Informar sobre lo que, a su juicio, considere como situaciones peligrosas.
- Utilizar los equipos de protección individual.

2.5 Modalidades de organización preventiva

Para poder desarrollar las actuaciones preventivas, el/la empresario/a ha de constituir una organización preventiva adecuada a la empresa (en función de su tamaño y actividad) y dotarla de los recursos humanos y materiales necesarios.

A este fin, el/la empresario/a puede optar entre asumir personalmente la actividad preventiva, constituir un servicio de prevención propio (SPP), concertar dicho servicio con una o varias entidades externas (servicio de prevención ajeno) o designar a uno o varios trabajadores/as para llevar a cabo tal actividad. Estas modalidades de organización preventiva están reguladas de forma concreta en el Reglamento de los Servicios de Prevención.

La organización preventiva puede ser llevada a cabo mediante una única modalidad preventiva o se puede recurrir a un sistema mixto, es decir, una combinación de varias de las modalidades.

Con independencia de la modalidad o modalidades de organización preventiva adoptadas, el/la empresario deberá adecuarla a las necesidades particulares de la empresa (número de centros, disponibilidad de personal, etc.), destinando los recursos materiales y humanos que sean necesarios para el óptimo desarrollo de las actuaciones preventivas. Las formas de organización preventiva pueden ser muy variadas.

Ejemplo

Una empresa con una plantilla superior a 250 trabajadores/as (obligada a constituir un SPP) y que dispone de una sede central y de numerosas obras, puede contar con la siguiente organización preventiva mixta:

- Servicio de prevención propio. Se encargará de la integración de la prevención en la empresa y de la gestión preventiva global.
- Trabajadores/as designados/a en las obras. Se encargarán de la gestión preventiva en la obra.
- Trabajadores/as asignados/as como recursos preventivos para la vigilancia y el control de actividades en las que es exigible su presencia.
- Servicio de prevención ajeno. Realizará la vigilancia y el control de la salud de las personas trabajadoras.

En la realización de una obra pueden existir diferentes niveles jerárquicos, como el/la promotor/a, el/la jefe/a de obra, el/la encargado/a, etc. De igual manera ocurre desde el punto de vista de la prevención. Existen medios humanos encargados de que las distintas fases de una obra se lleven a cabo de una manera segura, desde el coordinador en materia de seguridad y salud de la obra hasta los recursos preventivos de las empresas. Esta organización puede variar en función de las características de las empresas o de la obra.

El trabajador y la trabajadora han de conocer los recursos humanos dedicados a la prevención en el ámbito de la empresa y en la obra, con quienes, en caso necesario, podrá tratar todo aquello relacionado con la seguridad y salud.

Es oportuno anticipar que, en el marco del derecho de las personas trabajadoras a participar en la gestión preventiva de la empresa (que se aborda más adelante), los representantes de los/las trabajadores/as deben ser consultados previamente por el empresario sobre la modalidad de organización preventiva que se pretende adoptar.

2.6 Presencia de los recursos preventivos en las obras de construcción

Actualmente se dispone la **obligada presencia de los recursos preventivos** del empresario/a, cualquiera que sea la modalidad de organización de dichos recursos, en las situaciones de especial riesgo y peligrosidad. Tales recursos deben permanecer en el centro de trabajo durante el tiempo en el que se mantenga la situación que determine su presencia.

En el caso de las obras de construcción, **la obligación de designar los recursos preventivos corresponde a cada contratista**, con independencia de la empresa que realice la actividad.

Para ello puede optar por asignar la referida presencia a los propios componentes de la organización preventiva de la empresa. Es decir, dependiendo de la modalidad elegida, el contratista puede asignar dicha presencia a:

- Uno o varios trabajadores/as designados de la empresa.
- Uno o varios miembros del servicio de prevención propio de la empresa.
- Uno o varios miembros del o de los servicios de prevención ajenos concertados por la empresa.

No obstante, el contratista tiene también la posibilidad de asignar la preceptiva presencia de forma expresa, a los mismos efectos que a los anteriores, a uno o varios de sus empleados (aunque no formen parte del servicio de prevención propio ni sean trabajadores/as designados). Estos tienen que disponer de los conocimientos, la cualificación y la experiencia necesarios en las actividades o los procesos a los que se asigna su presencia. Además, tienen que contar con la formación preventiva correspondiente, como mínimo, a las funciones de nivel básico determinadas en el Reglamento de los Servicios de Prevención (el vigente Convenio General del Sector de la Construcción establece un programa formativo de nivel básico con una duración mínima de 60 horas).

Los recursos preventivos tienen atribuidas como facultades las siguientes: dar las instrucciones necesarias para el correcto e inmediato cumplimiento de las actividades preventivas, así como poner en conocimiento del empresario/a las deficiencias observadas por ausencia, insuficiencia o falta de adecuación de las correspondientes medidas preventivas.

En el plan de seguridad y salud en el trabajo de la obra se debe establecer la forma de llevar a cabo la presencia de los recursos preventivos.

Recuerda

La presencia de los recursos preventivos del empresario/a en las obras de construcción se considera una medida preventiva complementaria que tiene como finalidad vigilar el cumplimiento de las medidas incluidas en el plan de seguridad y salud en el trabajo de la obra y comprobar su eficacia.

3. PARTICIPACIÓN, INFORMACIÓN, CONSULTA Y PROPUESTAS

3.1 Información

El/la empresario/a deberá garantizar que sus trabajadores reciban, antes del inicio de los trabajos, una información adecuada de todas las medidas que hayan de adoptarse en lo que se refiere a su seguridad y su salud en la obra. Esta información hará referencia a los riesgos relativos a su propia actividad profesional, a los correspondientes al puesto de trabajo y a los restantes riesgos existentes en la obra que les puedan afectar, así como a las medidas preventivas implantadas para su eliminación o reducción.

En consecuencia, las personas trabajadoras han de recibir información adecuada en relación con los procedimientos de trabajo seguro, el modo de utilización de los equipos de trabajo, el conjunto de medios y medidas de protección colectiva, los equipos de protección individual que han de ser empleados y los productos químicos que se vayan a utilizar (fichas de datos de seguridad y etiquetado), entre otras informaciones.

El personal no iniciará su actividad hasta que no haya recibido todas las informaciones respecto a los riesgos y las medidas de prevención y protección relativas a la obra que les afecten.

La información no tiene que limitarse a la entrega de documentación sin que se compruebe que ha sido comprendida. En este sentido, ha de tenerse en cuenta el idioma en el que la persona se exprese.

En las empresas que cuenten con representantes de los/las trabajadores/as, la información a la que se refiere el presente apartado se facilitará por el/la empresario a los/las trabajadores/as a través de dichos representantes. No obstante, deberá informarse directamente a cada uno de los riesgos específicos que afecten a su puesto de trabajo o función y de las medidas de protección y prevención aplicables a dichos riesgos.

3.2 Consulta y participación

Consultará a las personas y permitirá su participación en el marco de todas las cuestiones que afecten a la seguridad y la salud en el trabajo. Tendrán tendrán derecho a efectuar propuestas al empresario/a así como a los órganos de participación y representación, dirigidas a la mejora de los niveles de protección de la seguridad y la salud en la empresa.

Las consultas que deberá realizar el/la empresario/a a sus trabajadores/as son relativas a:

a) La planificación y la organización del trabajo en la empresa y la introducción de nuevas tecnologías en todo lo relacionado con las consecuencias que estas pudieran tener para la seguridad y la salud, derivadas de la elección de los equipos, la determinación y la adecuación de las condiciones de trabajo y el impacto de los factores ambientales en el trabajo.
b) La organización y el desarrollo de las actividades de protección de la salud y prevención de los riesgos profesionales en la empresa, incluida la designación de personal encragado de dichas actividades o el recurso a un servicio de prevención externo.
c) La designación de personas encargadas de poner en práctica las medidas de emergencia.
d) La forma de transmitir la información preventiva así como el procedimiento que se adoptará para la gestión de los documentos en materia preventiva.
e) El proyecto y la organización de la formación en materia preventiva.
f) Cualquier otra acción que pueda tener efectos sustanciales sobre la seguridad y la salud.

Estas consultas se llevarán a cabo a través de los/as representantes los/las trabajadores/as.

Los órganos de representación de los trabajadores en materia preventiva son:

- Los delegados de prevención.
- El comité de seguridad y salud.

Los **delegados de prevención** son delegados de personal que tienen funciones específicas en materia preventiva.

El número de delegados de prevención de una empresa varía en función del número de trabajadores/as (ver figura 6).

Algunas de las principales competencias de los/las delegados/as de prevención son:

- Colaborar con la dirección de la empresa en la mejora de la acción preventiva.
- Promover y fomentar la cooperación de los trabajadores y las trabajadoras en la ejecución de la normativa sobre prevención de riesgos laborales.
- Ser consultados por el/la empresario/a en los aspectos de carácter preventivo que les influyan.
- Ejercer una labor de vigilancia y control sobre el cumplimiento de la normativa de prevención de riesgos laborales.

En las empresas o centros de trabajo con 50 o más trabajadores se constituirá un **comité de seguridad y salud** destinado a la consulta regular y periódica de las actuaciones de la empresa en materia preventiva. Estará formado por los/las delegados de prevención, por una parte, y por el empresario o sus representantes en número igual al de los/las delegados de prevención, por otra.

Nº DE TRABAJADORES	Nº DE DELEGADOS DE PREVENCIÓN	COMITÉ DE SEGURIDAD Y SALUD
6-49	1	NO
50-100	2	SÍ
101-500	3	SÍ
501-1.000	4	SÍ
1.001-2.000	5	SÍ
2.001-3.000	6	SÍ
3.001-4.000	7	SÍ
Mas de 4.000	8	SÍ

Figura 6.
Delegados de prevención y comité de seguridad y salud en función del número de trabajadores/as (mínimos establecidos en la Ley de Prevención de Riesgos Laborales)

4. OBLIGACIONES DE LOS/AS TRABAJADORES/AS

La Ley de Prevención de Riesgos Laborales, caracterizada por su naturaleza preventiva y su enfoque integrador, establece también las obligaciones que en materia de prevención de riesgos han de asumir las personas trabajadoras.

Además, los/las trabajadores/as han de desempeñar las funciones que en materia de prevención de riesgos laborales les asigne la dirección de la empresa, de conformidad con el sistema preventivo implantado y con la opinión de sus representantes.

En consecuencia, a cada persona le corresponde velar, según sus posibilidades y mediante el cumplimiento de las medidas de prevención que en cada caso sean adoptadas, por su propia seguridad y salud en el trabajo y por la de aquellas otras personas a las que pueda afectar su actividad profesional a causa de sus actos y omisiones en el trabajo, de conformidad con su formación y con las instrucciones recibidas del empresario/a. En particular, deberán:

- Informar de inmediato a su superior jerárquico directo y a los/las trabajadores designados/as para realizar actividades de protección y de prevención o, en su caso, al servicio de prevención acerca de cualquier situación que, a su juicio, entrañe un riesgo laboral.
- Contribuir al cumplimiento de las obligaciones establecidas por la autoridad competente con el fin de proteger la seguridad y la salud.
- Cooperar con el/la empresario/a para que este pueda garantizar unas condiciones de trabajo seguras que no entrañen riesgos laborales.

Para que esto sea posible, la organización empresarial en su conjunto ha de involucrarse en el fomento positivo de la seguridad y salud laboral. Por lo tanto, todo el personal debe participar y contribuir, en la medida de sus posibilidades, para que las actuaciones en el ámbito de la prevención de riesgos laborales sean efectivas.

RESUMEN

En el marco de todas las cuestiones que afecten a la seguridad y a la salud en el trabajo, el/la empresario/a debe consultar e informar a las personas trabajadoras con el objeto de permitir su participación en la gestión preventiva, de conformidad con lo dispuesto en la Ley de Prevención de Riesgos Laborales.

En las empresas o centros de trabajo que cuenten con seis o más personas trabajadoras, la participación de estos se canaliza a través de sus representantes y, más concretamente, de los delegados de prevención.

En todas las empresas o centros de trabajo que cuenten con 50 o más trabajadores/as, debe constituirse un comité de seguridad y salud destinado a la consulta regular y periódica de las actuaciones de la empresa en materia de prevención de riesgos. Dicho comité está formado por los delegados de prevención (por parte de los/las trabajadores/as) y por el/la empresario/a o sus representantes (por parte de la empresa), en igualdad de número de miembros.

Los derechos de información y de formación en materia preventiva, en los términos previstos en la Ley de Prevención de Riesgos Laborales, forman parte del derecho de las personas trabajadoras a una protección eficaz en materia de seguridad y salud en el trabajo.

Corresponde a cada trabajador/a velar, según sus posibilidades y mediante el cumplimiento de las medidas de prevención que en cada caso sean adoptadas, por su propia seguridad y salud en el trabajo y por la de aquellas personas a las que pueda afectar su actividad profesional a causa de sus actos y omisiones en el trabajo, de conformidad con su formación y las instrucciones del empresario/a.

La prevención es una labor de equipo, por lo que es necesaria la participación de todo el personal, cualquiera que sea su nivel jerárquico.

Legalmente se dispone la obligada presencia de los recursos preventivos del empresario/a, cualquiera que sea la modalidad de organización de dichos recursos, en las situaciones de especial riesgo y peligrosidad. Tales recursos deben permanecer en el centro de trabajo durante el tiempo en el que se mantenga la situación que determine su presencia.

La presencia de los recursos preventivos del empresario/a en las obras de construcción se considera una medida preventiva complementaria que tiene como finalidad vigilar el cumplimiento de las medidas incluidas en el plan de seguridad y salud en el trabajo de la obra y comprobar su eficacia.

Terminología

Autorización de trabajo:
Documento extendido por el empresario hacia sus trabajadores/as mediante el cual el primero autoriza a los segundos a la ejecución de los trabajos que deben realizarse en determinadas circunstancias o que entrañan un especial riesgo, con el objeto de garantizar que dichos trabajos se efectúan conforme a un procedimiento previamente establecido.

Daños derivados del trabajo:
Enfermedades o lesiones sufridas con motivo u ocasión del trabajo. En este concepto están incluidos el accidente de trabajo y la enfermedad profesional. A continuación se definen ambos conceptos:

- Accidente de trabajo es toda lesión sufrida por el/la trabajador/a a causa del trabajo. Se engloban en esta definición el accidente "in itínere", es decir, el que sufre el/la trabajador/a al ir o al volver del lugar de trabajo; y las enfermedades (no incluidas en el cuadro oficial de enfermedades profesionales) que contraiga el/la trabajador/a con motivo de la realización de su trabajo, siempre que se pruebe que la enfermedad tuvo lugar por causa exclusiva la ejecución del trabajo.
- Enfermedad profesional es aquella contraída a consecuencia del trabajo ejecutado en las actividades especificadas en el cuadro oficial de enfermedades profesionales, siempre que esté provocada por la acción de los elementos o sustancias que se indican para cada enfermedad en el citado cuadro.

No se consideran accidentes de trabajo los que sean debidos a la mala fe o a la imprudencia temeraria del trabajador/a accidentado/a.

Prevención:
Conjunto de actividades o medidas adoptadas o previstas en todas las fases de actividad de la empresa con el fin de evitar o disminuir los riesgos derivados del trabajo. Cabe mencionar, entre otras:

- Medidas de tipo organizativo (procedimientos de trabajo, coordinación de actividades, etc.).
- Medios de protección colectiva e individual (sistemas provisionales de protección de borde –barandillas–, redes de seguridad, arnés, casco, etc.).
- Formación, información, consulta y participación de las personas en las cuestiones relacionadas con la seguridad y salud.
- Vigilancia de la salud (reconocimientos médicos específicos).

Riesgo laboral:
Posibilidad de que un/a trabajador/a sufra un determinado daño derivado del trabajo.

Servicio de prevención:
Conjunto de medios humanos y materiales necesarios para realizar las actividades preventivas con el fin de garantizar la adecuada protección de la seguridad y salud de las personas trabajadoras, asesorando y asistiendo para ello al empresario/a, a los/las trabajadores/as y a sus representantes y a los órganos de representación especializados.

Trabajo nocturno:
Aquel que se realiza entre las 10 de la noche y las 6 de la mañana. Asimismo, tiene tal consideración todo trabajo diario en el cual se inviertan tres o más horas o, al menos, una tercera parte de la jornada anual en el horario citado.

1. Normas de actuación ante las condiciones meteorológicas adversas

Los factores climáticos adquieren una gran importancia en el sector de la construcción en lo que a la prevención de riesgos laborales se refiere, ya que la mayoría de los trabajos se ejecutan al aire libre. Estos factores pueden ser de diferente índole.

1. EXPOSICIÓN AL SOL

La exposición al sol puede suponer un grave riesgo, sobre todo en ciertas épocas del año. Las temperaturas extremas asociadas a una elevada humedad relativa, a una actividad física intensa, al desarrollo de tareas que desprenden calor (hormigonado, soldadura, asfaltado, etc.) o al empleo de un vestuario que no permita o dificulte la transpiración, provocan un aumento de la temperatura interna del cuerpo.

Una exposición prolongada al calor extremo puede ocasionar una gran variedad de trastornos, tales como: pérdida repentina del conocimiento y de la sensibilidad, hinchazones, calambres, agotamiento y afecciones de la piel, entre otros. El efecto más grave de la exposición a situaciones de calor intenso es el llamado "golpe de calor", que se caracteriza por una elevación incontrolada de la temperatura corporal. Cuando se produce un golpe de calor la piel se calienta, se seca, cesa la sudoración, aparecen contracciones de los músculos, aumenta el ritmo respiratorio y cardíaco, la temperatura corporal sube y se presentan alteraciones de la conciencia. Algunos de sus síntomas más evidentes son: mareo, palidez, dificultades respiratorias, palpitaciones y sed extrema.

En caso de exposición al calor extremo

Distribuye, en la medida de lo posible, el volumen de trabajo e incorpora ciclos de trabajo-descanso (haz las pausas en lugares frescos y a la sombra). Evita, o al menos reduce, el esfuerzo físico durante las horas más calurosas del día.

Procura no realizar trabajos en solitario. Mantén informados al resto de compañeros de tu ubicación.

Bebe periódica y regularmente líquidos que contengan sal y azúcares. Es aconsejable el consumo de bebidas isotónicas.

Evita la ingesta de bebidas alcohólicas o con cafeína.

Si la tarea o actividad que vayas a desarrollar lo permite, utiliza ropa amplia y ligera, de colores claros y que sean permeables al aire.

Duerme las horas suficientes y sigue una buena nutrición.

Evita ingerir comidas muy grasas.

Utiliza cremas solares de alta protección.

2. EXPOSICIÓN AL FRÍO

La exposición a climas fríos, ambientes con bajas temperaturas, condiciones de humedad y viento fuerte, o una combinación de estos factores pueden ocasionar un enfriamiento corporal. Una exposición prolongada a los mismos puede provocar descenso de la temperatura del cuerpo e incluso congelación. Los signos y síntomas más característicos de la hipotermia comienzan con una sensación de frío, confusión mental, desorientación, pulso irregular, etc.; prosigue con la desaparición de los escalofríos, la piel se enrojece, las pupilas se dilatan, el pulso y la respiración se debilitan, hasta llegar a la pérdida de conciencia.

Otro trastorno que provoca una larga exposición al frío es la congelación que conlleva una reducción del flujo de la sangre a las manos y a los pies para mantener la temperatura en el tronco del cuerpo. Los posibles síntomas son: adormecimiento, cosquilleo, dolor y piel de color morado. En ocasiones extremas, los tejidos pueden quedar dañados gravemente y requerir una amputación.

En caso de exposición al frío extremo

Usa ropa de protección contra las bajas temperaturas. Viste varias capas de ropa ligera para lograr un buen aislamiento térmico. La capa externa debe ser resistente al viento.

Aliméntate con una dieta equilibrada y raciones regulares durante el día, a fin de aportar energía extra para la producción de calor.

Ingiere bebidas calientes, pero no alcohólicas.

Distribuye, en la medida de lo posible, el volumen de trabajo e incorpora ciclos de trabajo-descanso (haz las pausas, si fuera posible, en lugares climatizados).

Si tienes que realizar una actividad que no requiera una cierta movilidad, realiza ejercicios de calentamiento que eviten un enfriamiento corporal.

Habilita barreras o refugios contra el viento para reducir las pérdidas de calor.

3. EXPOSICIÓN A LAS CONDICIONES METEOROLÓGICAS ADVERSAS

Las lluvias intensas, los vientos fuertes, las nevadas abundantes, las tormentas severas o las nieblas densas condicionan el desarrollo normal de los trabajos que habitualmente se ejecutan en la construcción.

El viento puede alterar las condiciones técnicas de los equipos de elevación de cargas y, a su vez, poner en peligro a los trabajadores que se encuentran en altura (sobre andamios, plataformas elevadoras de personal, escaleras, torres de trabajo, etc.).

Por su parte, la presencia de niebla y las precipitaciones en forma de nieve tienen, como primer efecto, una reducción considerable de la visibilidad. Ello genera una disminución en la percepción tanto de las señales, como del entorno, y la consiguiente desorientación para el desarrollo del trabajo.

Uno de los principales efectos que provoca la lluvia persistente e intensa es el deslizamiento o desprendimiento del terreno, cuestiones que debes tener muy presente cuando se realicen trabajos de movimientos de tierras (excavaciones, terraplenados, etc.). Otro de sus efectos es que las superficies de tránsito y de trabajo de personas y vehículos se vuelven resbaladizas.

Si se produce una tormenta, los rayos constituyen un gran peligro. La probabilidad de sobrevivir cuando se es alcanzado por un rayo es mínima. Asimismo, las tormentas pueden dañar o afectar seriamente a las instalaciones eléctricas, incluidas las interiores, ya que podrían entrar accidentalmente en tensión.

En caso de condiciones meteorológicas adversas

Interrumpe los trabajos que se ejecuten a la intemperie en caso de tormenta, lluvia intensa, viento fuerte, nevada, o cualquier otra condición ambiental desfavorable que dificulte la visibilidad.

Suspende la manipulación de los equipos de trabajo empleados para la elevación de cargas (grúa torre o móvil, etc.), cuando las condiciones meteorológicas se degraden hasta el punto de limitar la seguridad de los mismos.

No realices trabajos en altura (sobre andamios, plataformas elevadoras, etc.), cuando las condiciones meteorológicas pongan en peligro tu seguridad.

En el caso de tormenta suspende los trabajos en lugares cercanos a líneas eléctricas aéreas, transformadores eléctricos, etc.

2. Normas de actuación ante las situaciones de emergencia

112

Ante una situación de emergencia la experiencia nos enseña que, a pesar de nuestra buena voluntad, cuando actuamos con precipitación, pero no adecuadamente, los daños se agravan. Por lo tanto, es necesario que todo el personal tenga presenta una serie de normas básicas en cuanto a la forma de actuar ante un accidente, un incendio, o cualquier otra circunstancia que precise la evacuación urgente del lugar de trabajo o una intervención para atender a las personas que puedan resultar afectadas por algún otro incidente (golpe de calor, hipotermia o congelación).

Las obras deben disponer tanto de un documento en el que se indique la dirección y el teléfono del centro médico más cercano, como de una relación que contenga información de los teléfonos de urgencia (ambulancias, bomberos, policía, etc.), situados ambos en un lugar visible de la obra. Es de gran ayuda la presencia en la obra de personas con conocimientos en las técnicas de primeros auxilios.

Como norma general, ante cualquier emergencia debes comunicarla a tus superiores o al teléfono de emergencias 112.

1. EN CASO DE ACCIDENTE

Mantén la calma, tranquiliza a la persona accidentada y no permitas las aglomeraciones en torno a ella.

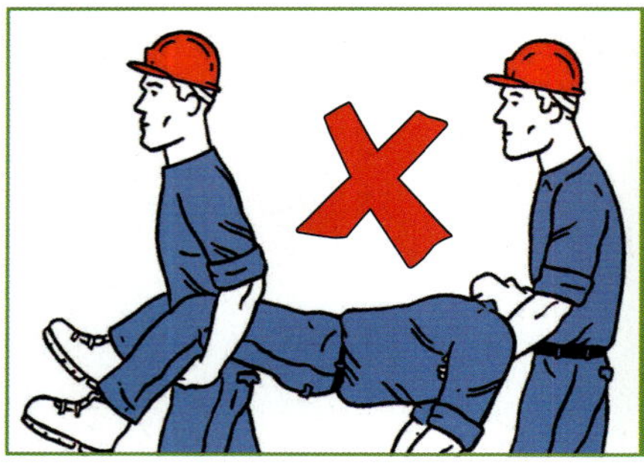

No muevas a la persona accidentada sin haber valorado antes su estado, excepto en el caso de que la situación lo requiera (riesgo de explosión, incendio, desplome, etc.).

No trates de dar de comer ni de beber a la persona accidentada.

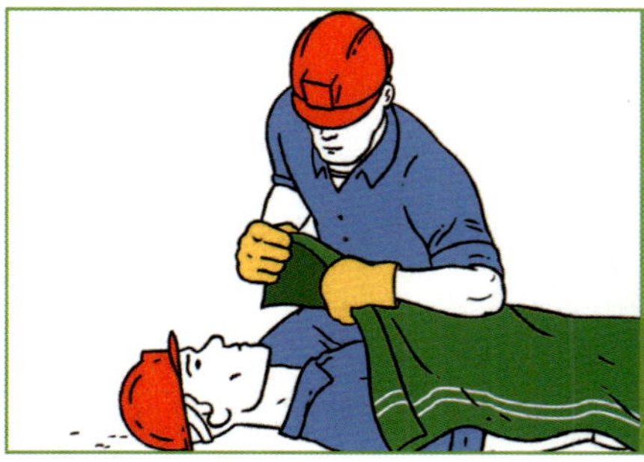

Siempre que te sea posible, tapa a la persona accidentada con una manta o similar.

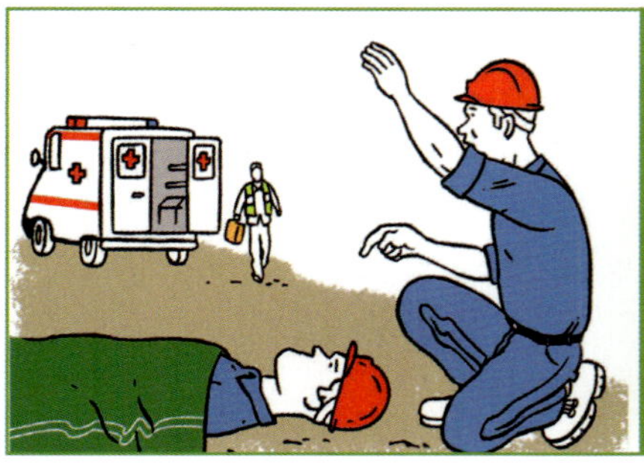

Si no conoces las técnicas de actuación relativas a los primeros auxilios, no intervengas. Avisa a las personas capacitadas o a los servicios sanitarios.

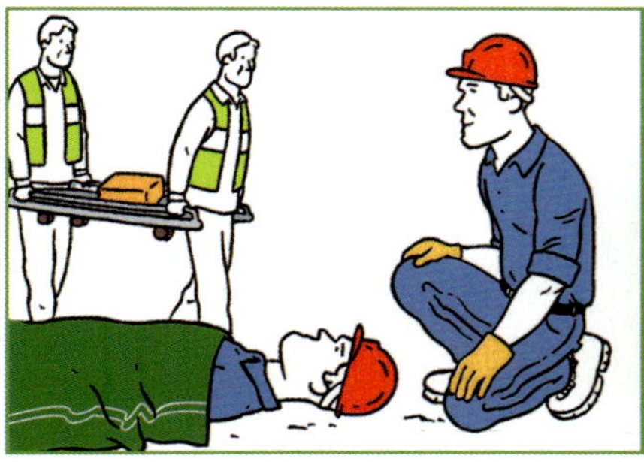

No abandones a la persona accidentada hasta la llegada de las personas capacitadas.

Amplía información sobre "Emergencias por accidente" viendo el siguiente vídeo: https://bit.ly/34FXSFi

2. EN CASO DE INCENDIO

Comunica la situación con los medios disponibles (teléfono, transmisor de radiofrecuencia, etc.).

Si el fuego es pequeño, intenta sofocarlo con los medios de extinción disponibles. Sitúate siempre entre la salida y el fuego.

Si el fuego es de gran magnitud, desaloja el recinto. No corras riesgos innecesarios.

En el caso de presencia de humo, muévete agachado protegiéndote la nariz y la boca con un pañuelo o un trapo mojado.

Si se te prendiera la ropa, no corras, tírate al suelo, rueda y solicita ayuda.

Si te encuentras atrapado por el fuego:

- Cierra las puertas que existan entre el fuego y tú.
- Cubre las ranuras de las puertas con trapos, a ser posible, mojados.

3. EN CASO DE ORDEN DE EVACUACIÓN

Presta atención a las órdenes de los responsables de emergencias.

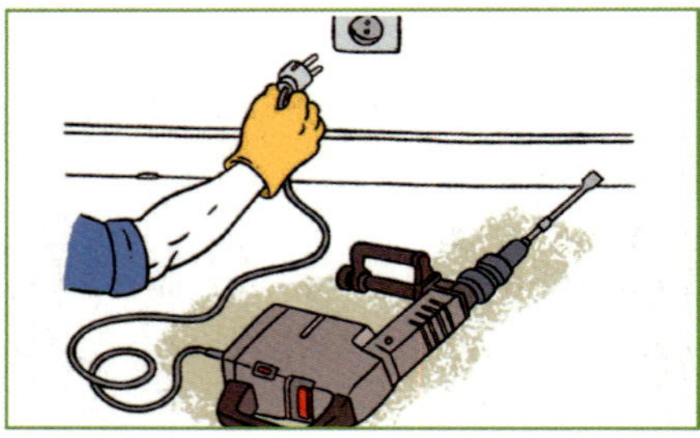

Desconecta, si puedes, los equipos de trabajo eléctricos.

Mantén la calma.

Abandona el lugar de trabajo con rapidez.

Utiliza las vías de evacuación establecidas.

No utilices los ascensores ni los montacargas.

No bloquees las salidas.

No retrocedas para recoger objetos personales.

Ofrece tu asistencia a las personas discapacitadas.

Una vez en el exterior, acude al punto de encuentro que, en su caso, se haya establecido.

4. EN CASO DE GOLPE DE CALOR

Avisa a las personas capacitadas y a los servicios sanitarios.

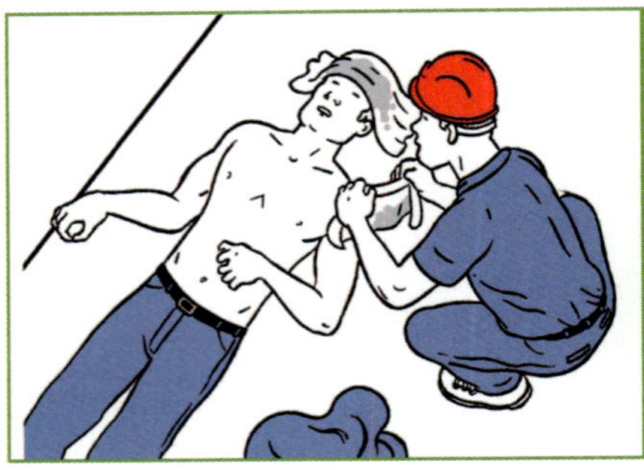

Coloca a la persona afectada en un lugar fresco y aireado.
Retírale las prendas innecesarias y enfríale la piel aplicándole, por ejemplo, compresas o paños de agua fría en la cabeza y empapándole el resto del cuerpo con agua fresca.

Abanica a la persona afectada para refrescarle la piel.

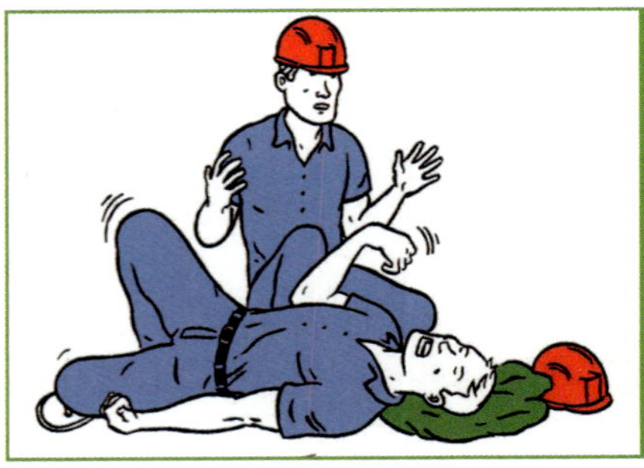

Si la persona afectada sufre convulsiones, no trates de bloquearlas, ya que, al ser movimientos musculares incontrolados debido a un fallo en el sistema nervioso, se podrían producir lesiones importantes. Además, es conveniente que coloques algún objeto blando (ropa, cojín, etc.) debajo de la cabeza del afectado, para evitar que se golpee contra el suelo.

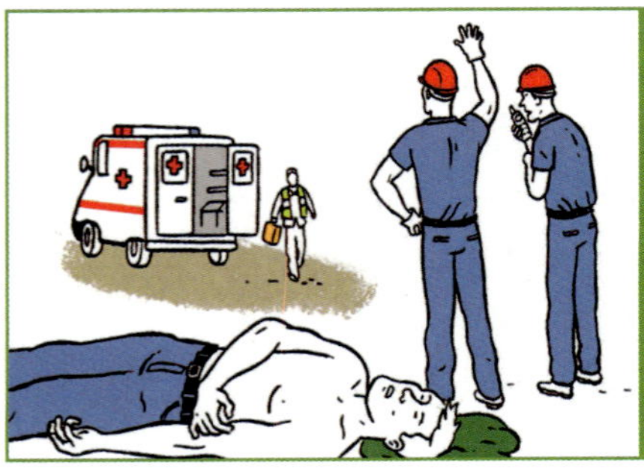

No abandones a la persona afectada hasta la llegada de las personas capacitadas.

5. EN CASO DE HIPOTERMIA O CONGELACIÓN

Avisa a las personas capacitadas y a los servicios sanitarios.

Traslada y ubica a la persona afectada en un lugar cálido y seco. Si la congelación está generalizada, eleva progresivamente la temperatura del lugar.

Si la persona afectada tiene la ropa humedecida, debes quitársela, secarle y abrigarle con mantas.

Si la persona afectada está consciente ofrécele líquidos calientes muy azucarados (té, café, caldo, etc.). Cuando haya entrado en calor, debes animarle a que haga ejercicio con los miembros afectados.

No abandones a la persona afectada hasta la llegada de las personas capacitadas.

3. Normas de actuación durante la conducción de vehículos

En el sector de la construcción es muy habitual que las personas trabajadoras tengan que desplazarse tanto desde el lugar de residencia hasta el centro de trabajo y viceversa, como en el transcurso de la jornada laboral entre diferentes obras, utilizando, como medio de transporte, vehículos conducidos por ellos mismos. En ocasiones, estos desplazamientos requieren salvar distancias considerables. Durante los mismos se producen una gran parte de los accidentes laborales calificados como graves y mortales.

Por lo tanto, es necesario que las personas que conducen de forma habitual durante su actividad laboral tengan en cuenta una serie de recomendaciones, con el fin de evitar o reducir, en la medida de lo posible, los riesgos derivados de dicha conducción, con independencia de las normas de circulación establecidas.

Como norma general, ante cualquier emergencia debes comunicarla a tus superiores o al teléfono de emergencias 112.

1. ANTES DE LA CONDUCCIÓN

Descansa las horas suficientes.

Evita las comidas copiosas.

No consumas alcohol ni drogas.

Elude conducir bajo los efectos de medicamentos susceptibles de producir somnolencia (informa a tu médico sobre la actividad que realizas para que te recete el medicamento más adecuado).

2. DURANTE LA CONDUCCIÓN

No sobrepases los límites de velocidad ni conduzcas de forma temeraria.

Utiliza el cinturón de seguridad.

Mantén el habitáculo del vehículo a una temperatura adecuada. Evita el exceso de calor.

En la medida de lo posible, no conduzcas durante las horas más calurosas del día, durante la noche, o en condiciones meteorológicas desfavorables.

No hables por el teléfono móvil y limita, en lo posible, el uso de dispositivos de manos libres.

Realiza descansos cada dos horas, como máximo.

En caso de fatiga, estaciona el vehículo en un lugar seguro y descansa.

Mientras realizas la carga de combustible tienes que desconectar por completo el vehículo y accionar el freno de mano. Igualmente, no debes fumar ni utilizar el teléfono móvil.

3. EN CASO DE AVERÍA

En la medida de lo posible, desplaza el vehículo a un lugar seguro.

Señaliza adecuadamente el vehículo y haz uso del chaleco reflectante al abandonar el mismo.

4. Señalización de seguridad y salud

Las señales que te encontrarás con mayor frecuencia en las obras de construcción son las que se indican a continuación:

Material inflamable

Riesgo de tropezar

Materias tóxicas

Caída a distinto nivel

Cargas suspendidas

Materias nocivas o irritantes

Riesgo eléctrico

Prohibido fumar y encender fuego

Peligro general

Entrada prohibida a personas no autorizadas

Materias comburentes
(Que tienen capacidad para producir que otro material arda o se queme)

Prohibido pasar a los peatones

Prohibido a los vehículos de manutención

Protección obligatoria de las manos

Protección obligatoria de los ojos

Protección obligatoria del cuerpo

Protección obligatoria de la cabeza

Protección obligatoria de la cara

Protección obligatoria de los oídos

Protección obligatoria contra caídas

Protección obligatoria para las vías respiratorias

Vía obligatoria para peatones

Protección obligatoria de los pies

Manguera de extinción de incendios

Extintor

Dirección que debe seguirse

Teléfono de salvamento

Ducha de seguridad

Vía salida de socorro

Camilla

Primeros auxilios

Lavado de los ojos

OTRAS PUBLICACIONES QUE TE PUEDEN INTERESAR

Contenido formativo de certificado de profesionalidad

MF0276_1 - Labores auxiliares de obra

Fundación Laboral de la Construcción

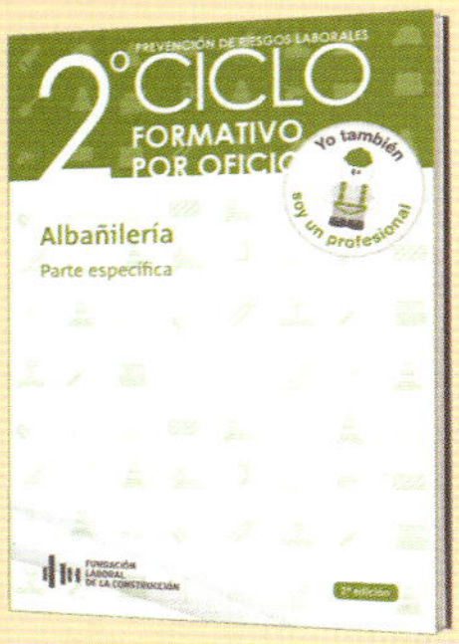

2º Ciclo formativo en prevención de riesgos laborales

Parte específica: albañilería

Fundación Laboral de la Construcción

Manual de primeros auxilios y medidas de emergencia en las obras de construcción

Fundación Laboral de la Construcción

Medios auxiliares

Montaje, dirección e inspección de andamios apoyados

FLC, ULMA C y E Sociedad Cooperativa

Estos libros los puedes adquirir en:
libreria.fundacionlaboral.org

PERMANECE ACTUALIZADO, CONOCE NUESTROS RECURSOS WEB

Fundación Laboral de la Construcción:
fundacionlaboral.org

Información en materia de PRL:
lineaprevencion.com

Portal de la Tarjeta Profesional de la Construcción (TPC):
trabajoenconstruccion.com

Portal de formación:
cursosenconstruccion.com

Cursos, actualidad y asesoramiento gratuito en BIM:
entornobim.org

Buscador de empleo:
construyendoempleo.com

Observatorio Industrial de la Construcción:
www.observatoriodelaconstruccion.com

AYÚDANOS A MEJORAR

Si tienes alguna sugerencia sobre nuestras publicaciones, escríbenos a **recursosdidacticos@fundacionlaboral.org**

Notas: